大展好書 好書大展

超經營新智慧 8

〔圖解〕活用經營管理

山際有文／著
沈永嘉／譯

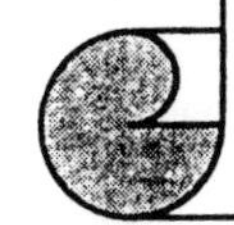

大展出版社有限公司

前言

目前多數人對於「經營管理」(management)一詞的概念，仍停留在順應環境變化，所需付出的暫時性努力。但生存在貨幣強勁升值、景氣長期低迷、職場內面臨大幅裁員、溝通不良的大環境下，唯有順應時代潮流者，得以適者生存。

此時應採取哪些行動呢？首先應由重估基本經營的必要性做起，由問題意識面做起，必能抽絲剝繭，求得解決問題的方法。

本書即以此一觀點出發，提供各位基本經營管理的重點，並將繁複的內容歸納成八十個項目，每頁除了有詳盡的文字解說之外，對頁將以簡明圖表說明其中的精髓。

如此設想，是為便於各位隨時查閱，欲知哪一方面的經營管理理念，只須直接翻閱該項目即可。無須刻意依序閱讀，即可獲得專業的經營管理知識。

本書得以順利發刊，有賴多位專業人士的協助，提供許多相關文獻知識，以及小川正義先生的大力支持，在此一併致謝。

山際　有文

目錄

前言……………………………………………………三
缺乏經營管理的結果………………………………………一一

第一章 順利推動工作的經營管理

1 何謂經營管理……………………………………一四
2 順利推動工作……………………………………一六
3 充分理解各方想法………………………………一八
4 擬訂計劃…………………………………………二〇
5 各項計劃範本……………………………………二二
6 做好統合工作……………………………………二四
7 準確執行指示與報告……………………………二六
8 各種報告書………………………………………二八
9 推進目標管理……………………………………三〇
10 各項戰略…………………………………………三二
11 職場戰略立案……………………………………三四
12 權限與責任的關係………………………………三六

第一章 活用人的經營管理

1 職場工作者的基本資料……四〇
2 開發能力的各種方法……四二
3 掌握能力開發的種類與程度……四四
4 計劃性進行能力開發……四六
5 實際的培育工作……四八
6 工作幹勁何處來①……五〇
7 工作幹勁何處來②……五二
8 計劃性改變工作分配……五四
9 積極執行工作授權……五六
10 正確評估工作狀況……五八
11 記錄業績……六〇
12 消除工作煩惱與負面情緒……六二

第二章 使職場生氣蓬勃的經營管理

1 使職場工作內容明確化……六六
2 每個人經辦的工作內容與工作量……六八
3 相互了解對方……七〇

4 提高職場團隊合作……七二
5 在經營管理週期中活用會議……七四
6 推進職場運動……七六
7 避免工作形式化……七八
8 與你合作愉快的工作伙伴、交惡的伙伴……八〇
9 如何與交惡者改善人際關係……八二

第四章　活用資訊降低成本的經營管理

1 加強數字觀念，可藉由數據協助判斷……八六
2 上班族應為企業賺進月薪三倍的利潤……八八
3 小處通融，常是日後鑄成大錯的主因……九〇
4 意外的發生，均事出有因……九二
5 危機處理……九四
6 修正對成本與成本降低的既有想法……九六
7 各項成本簡介……九八
8 探討整體成本狀況……一〇〇
9 各種成本降低法……一〇二
10 產品別成本分析……一〇四
11 每個職場都應推行的價值分析（ＶＡ）……一〇六

12 降低成本的工作必須永續經營……一〇八

第五章 改善工作效率的經營管理

1 改善生產力，不只是製造現場的問題……一一二
2 改善生產力……一一四
3 檢討高階主管的生產力……一一六
4 各項附加價值……一一八
5 增大每位從業員的附加價值……一二〇
6 增加每小時工作量……一二二
7 提升工作效率的各種方法……一二四
8 改善提案彈性化……一二六
9 企業主要負擔……一二八
10 改變工作內容……一三〇
11 何謂工作……一三二
12 推動革新工作……一三四

第六章 經營管理職場改善

1 職場現存問題……一三八
2 各種問題形態……一四〇

3 發現問題……一四二
4 保有問題意識最重要……一四四
5 解決問題——治標也治本的方法……一四六
6 根本解決問題之道……一四八
7 分析、整理問題與原因關係的方法……一五〇
8 找尋重要因素的方法……一五二
9 QC（品管）七道具……一五四
10 改善事務推展……一五六
11 獲得解決問題的構想……一五八
12 開發創造力……一六〇

第七章　經營管理運用組織

1 組織化產物……一六四
2 推進相關部門的協助關係……一六六
3 適時活用專業能力……一六八
4 領導者應具備的能力……一七〇
5 領導統御類型①……一七二
6 領導統御類型②……一七四
7 今後領導統御趨勢……一七六

8 上班族必備的創業能力……一七八
9 改善職場體質……一八〇
10 抬轎者與搭便車的人……一八二
11 使員工適得其所……一八四

缺乏經營管理的結果……

為使各位進一步理解推動工作時，經營管理的重要性，在此介紹幾個案例，以供參考。針對這些案例的因應對策，同時也解答了多數人對經營理念的存在迷思。

案例1　本課的課員真差勁！

福島課長是位工作能力極佳的員工，因此發現部屬遭遇工作困難時，總是習慣親自接手處理。長此以往，部屬稍遇困難時，從不曾嘗試自己解決問題，反倒直接告知：「課長，這份工作該怎麼辦？」將工作責任推得一乾二淨，結果部屬的工作能力仍停留在低水準，福島課長總是忙得不可開交。

最近幾天，福島每天早晨起床時，都能明顯感受累積工作壓力的疲勞，久久無法恢復。不自覺喃喃自語：「萬一我生病了，我這個課就完了！看來必須要培養部屬，協助處理工作，以便我不在時，大家也能把工作做好。不過，我的課員工作能力太差，我還是自己發憤振作吧！」

案例2　信賴與管理真的不能合而為一嗎？

白河先生是位業務課長，他堅持「不管理，即是信賴部屬的表現」。白河先生認為：「部屬都不喜歡寫營業報告，所以我不硬性要求部屬，必須按時提出每日的營業報告。事實上，只要仔細聽聽部屬的談話，與電話內容，即可確實掌握部屬的行動。我相信只要尊重他們的自主性，他們就會賣力工作。」

某一天，白河先生的部屬闖下大禍，引起經理對於這個事件的關切，在得知來龍去脈之後，經理告訴白河先生：「我了解你非常信任部屬，但信賴與工作管理是兩回事，這次工作上的缺失，即因你未審慎管理部屬所致，你的管理能力，也相當令人質疑。」

案例3　每件工作都必須依循原則標準進行嗎？

多數訂單總要求工廠在最短時間內交貨，卻又定出難以製造的規格，保原先生負責的製造課，雖然儘可能全力以赴，面對如此困難的任務，恐怕無法如期交貨。

前一陣子，某重要客戶曾告知他：「如果你們總是無法如期交貨，下次我決定給別家工廠做。」在接獲客戶下的最後通牒之後，身為廠長的他，除了親自監督，使產品如期交貨，也會同各部門，研商改進對策、交換心得。

大多數的改善對策，諸如：「日程計劃應更仔細」、「改變一貫化作業的形勢，以減少工作流程。」不少部分與保原先生原先所認為的改善重點，不謀而合。保原未進行改善的主要原因是：「應改善的部分，執行起來太麻煩！」

聽著同仁們發表他們的意見，保原在思及「執行改善經營工作，務必按部就班進行」的重要原則時，不禁面紅耳赤。

案例4　改變惡習，使自己準時下班

受經濟不景氣影響，以及勞基法的修正，藤田先生的公司發布了定時下班與限制加班的規定。依據通告中說明，推行這項運動的初步，就是要求員工在加班時間內完成工作。

推行這項工作的困難，實在不難想見。在告知部屬限制加班規定之後，部屬不再申報超出限制時間以上的工作時數，也就是做了實質上的免費加班。

持續了數個月之後，一位部屬向藤田建議：「長期免費加班，簡直就是強化勞動，且短發工資的作法。我們應考慮如何改善工作效率，降低加班的頻率。」

雖然為時已晚，但近日來藤田努力考慮：「應如何增進工作效率……」

第一章 順利推動工作的經營管理

1 何謂經營管理

「經營管理是為達成職場目標，以主管或企業理念為原則，找尋足以順應環境條件，活用經營資源的方法。」這麼咬文嚼字的說法，乍聽之下總覺得觀念模糊。

①職場目標

每個人都自認為了解職場目標，卻從未思索：「自己真的了解透徹了嗎？」例如業務課的職場目的是「銷售公司產品」。既然如此，對於從未向自己叫貨的商家，就無須進行銷售工作，只單純的販售本公司的產品，肯定無法期待未來的銷路。

因此，必須探知顧客的真正需求，並鼓勵研究開發部門，製造出滿足市場須求的產品。積極進行市場調查，提出開發新產品的須求，同樣也是業務課的一大使命。

不要因短暫的穩定狀態，感到滿足。應更進一步思考，審慎檢討自己的職場目標。

②遵從企業與主管理念

每個人在企業內擔任的職務，都是這個龐大企業的一小部分，工作時未遵從整體方向與理念，可能使工作結果有違眾望，未盡理想。

③適度順應環境條件

包括全世界與全國的政治、經濟、社會動向的大局勢，以及企業內人手不足的小觀點，都是影響工作推進的條件因素，同時也直接影響職場目標的達成。

④活用經營資源

經營資源內容包括人、物、財、資訊等，其中最重要的就是「人」，因為其他資源皆由「人」使用，能活用經營資源與否，端看「人」的能力與效率。

由每個人能夠達到的工作水準，即可得知足以達成的工作量，以及能否達成職場目標。以三人即達成職場目標為例，須五人才能達成職場目標者，自然較不理想。

只要能順利經營管理

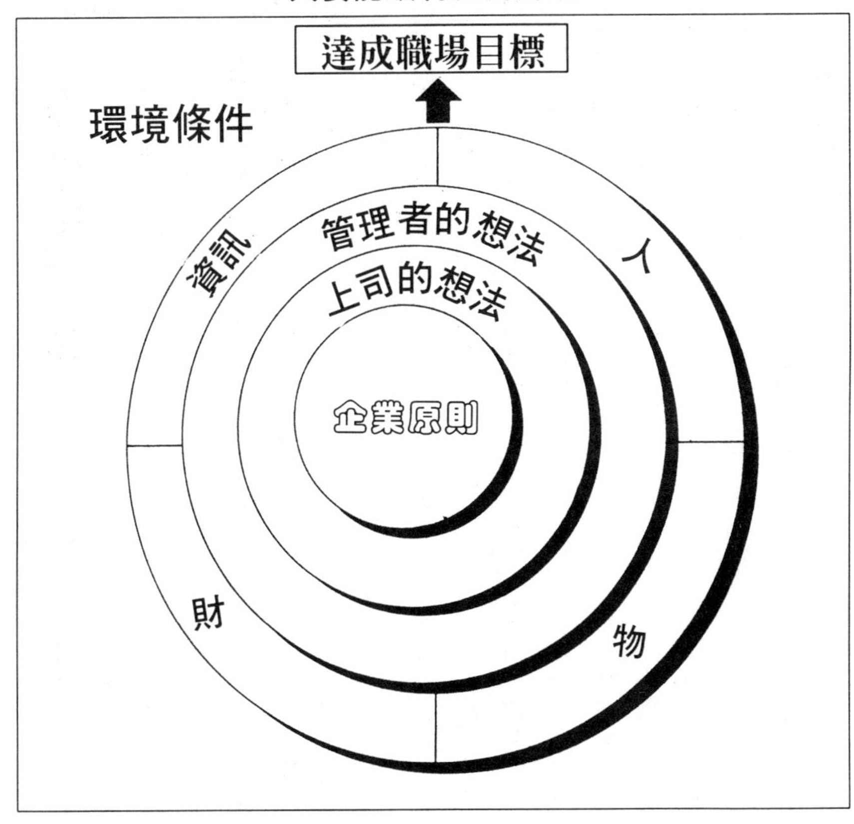

※ ※ ※

依循理論推動經營工作，常令人覺得過度緊湊，毫無轉圜餘地可言。

但是，如能將經營資源活用至極限，成功提升「Lose Performance」（為執行某工作所需的費用與工作成果之間的比例，也就是「履約成本」），公司才有利可圖。

無論主管或一般員工，都可磨練出高於現階段的能力。只要能成功使能力升級，將有更多的餘力處理工作。

2 順利推動工作

為能順利推動經營管理工作，除了必須按照左圖①的基本型，將所有流程控制在一定狀態下，反覆執行是唯一的秘訣。這一連串的流程，一般稱為經營管理週期，英語原文為plan-do-see（或check）。

在經營管理週期的「實行」階段，多半由詳知計劃者親自執行，或委任他人執行。具體的說，構思計劃的主管會依照自己的計劃，指揮員工執行。一般員工則也有屬於自己的執行方式。如果是一般員工，只需依照左圖①的基本型進行，即足以因應一切狀況。如果必須指揮他人執行，則必需運用左圖②，複雜化的經營管理週期應對。

這些經營管理週期內容，主要以營業（製造）類工作，和上半年度月份、階級別為基本，歸納出下列重點。

年（月）份銷售（生產）計劃立案↓進行銷售（生產）活動↓比較年（月）份計劃與訂單（生產）業績。假若未接獲年（月）份計劃，就應另謀對策進行計劃性銷售（生產），並付諸實行↓依據上述經驗，訂立次年（月）度的銷售（生產）計劃……。

無論遭遇任何情況，只要能堅持運用經營管理週期，必能順利推動工作。許多新進員工，對初上任的工作無法勝任時，都曾在無意識中運用過經營管理週期的理論。

縱觀目前多數企業主管與職場，極少人完全實踐經營管理週期的理論。多數個案未經周詳計劃，即草率行事，或發現計劃不適用時，也不願重頭做起、重新籌畫。

事實上，圖②的應用範圍相當廣，尤其在實行階段。但多數人只遵循部分內容，並未了解統合的真正含意（參看第一章第6項），自然無法順利推動工作，順利經營。

順利推動工作的唯一方法

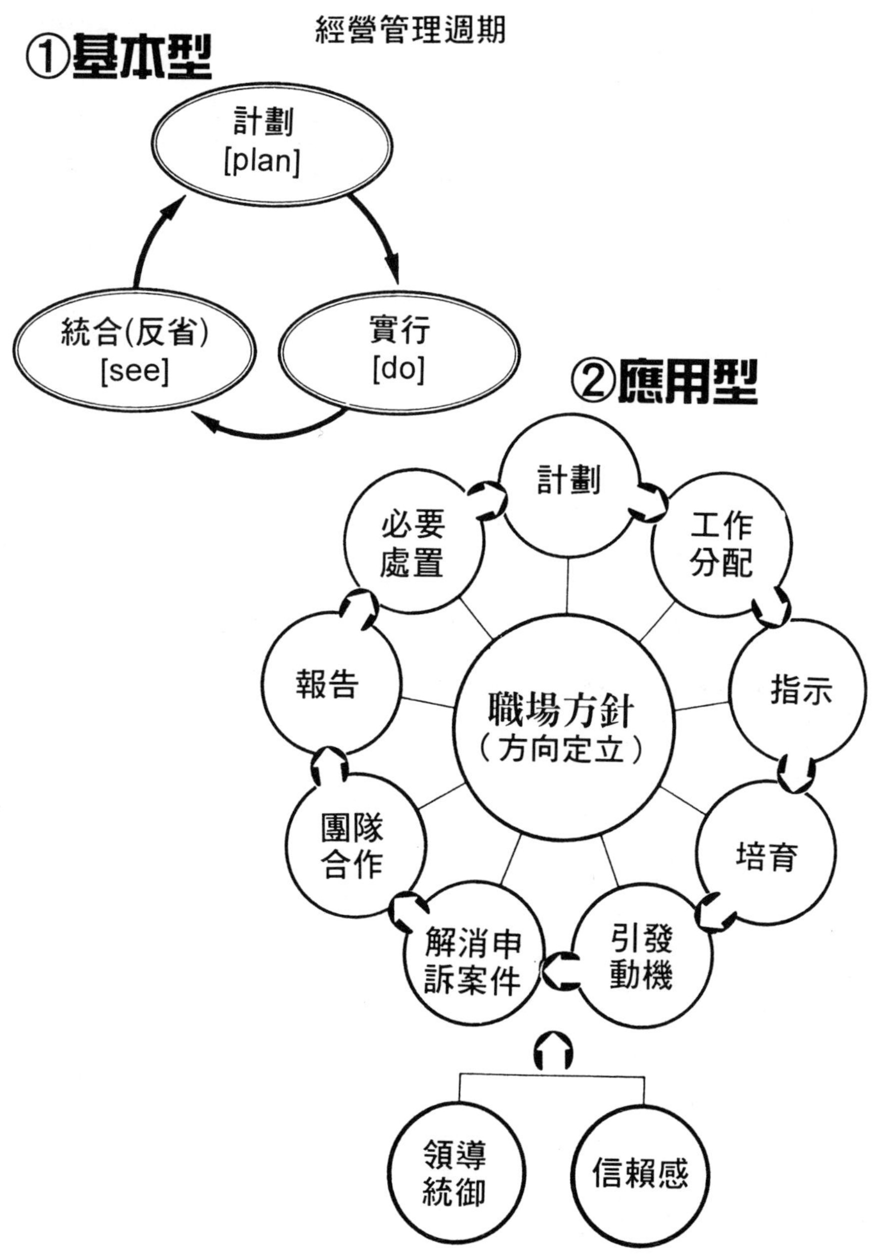

3 充分理解各方想法

任何企業的存在，都結合了眾人的智慧與想法，執行企業經營時，必須掌握如下基本概念。

①無法變更的概念

如經營理念、經營目的、企業教條、經營方針等。

②經常變動的概念

經營戰略、中長期經營計劃、年度經營計劃、年度方針等。

基本上，這些概念均以企業全體為對象進行歸納。但正如同前述提及營業部門與製造部門，絕對不會有相同的工作內容。可見同一企業、不同部門，都各自擁有不同的作法。

以實行經營方針為例，各部門主管應以遵守經營方針為原則，並配合實行順應該部門特性擬訂的部門方針。同理，課長與股長要求單位主管提出部門方針時，同樣必須遵從經營方針，提出自己負責職場的職場方針與實施事項。

另一方面，在實際執行工作上，即使是一般員工也應擁有自己的構想。只要將其中的優秀構想不斷改進，必要時提出做為職場方針的改良方案。

以企業與主管的想法為基本概念，配合部屬或新進員工的想法，必能擬出令部門士氣大振的職場方針或工作計劃，這同樣也是高層員工的努力方向。

根據筆者的經驗，實際情形與前段說明的狀態，實在頗有差距。

其中常見的是經營者極少明確提出經營方針與經營戰略，食古不化地遵循著不合乎時宜的企業教條。

身為主管者，能依據企業概念提出配合職場實況的部門方針與職場方向者，寥寥可數。實際狀況如何？相信身處於職場中的你，更加順利由上而下或由下而上的意見溝通管道（談何容易？）

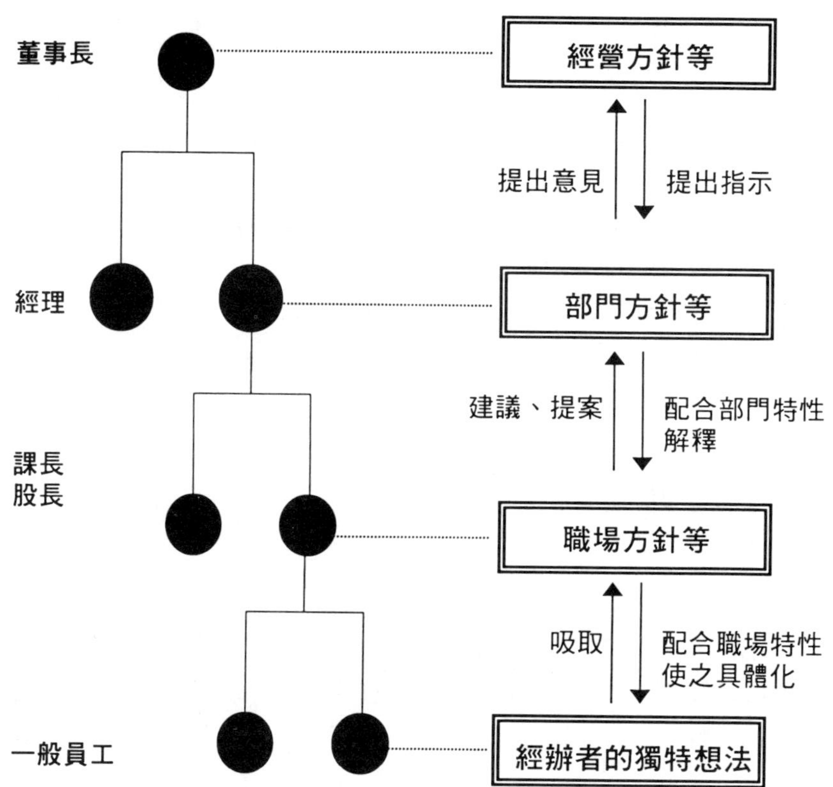

擁有切身體驗。

部屬或新進員工提出的改良方案，即使再優秀，也因多方挑剔無疾而終。

正如同多位評論所說：「企業中只有由上而下的強壓管道，無論下方意見再優異，也不可能被採納。」

※　※

多數主管的想法如此，將使企業革新之路走來格外險阻。

如果你也擁有同樣的想法，建議您練習敞開心胸，聽聽來自部屬的不同聲音。

4 擬訂計劃

任何人在開始工作之前，多會先思索將如何進行該工作，同時擬訂實行計劃。主管人員應針對職場整體工作擬訂計劃，一般員工則須訂立自己經辦業務的業務計劃。

現在假定每年都必須擬訂各月份計劃，可依循如下順序完成計劃。

①目標、前提條件應明確化

目標明確化的重要性，相信各位都相當有概念，較令人觀念模糊的，就是所謂的前提條件。例如該採用哪些機械設備、應耗費多少時間等，都是達成目標的前提條件。由此可知，能否達成目標，與前提條件是否明確，兩者可謂關係密切，同時在思考計劃時，是否仔細思索前提目標，也直接影響計劃成功與否。一旦前提目標有所變動，目標的達成水準、達成確實性與計劃內容，都將因此改變。

②訂立複數企劃案

任何企劃案，都各有其優缺點。通常我們會先考慮對我方有利者。話雖如此，得以翻案計劃多，將更能成就優秀企劃案的形成。

③進行測試

在階段④多方思考後，再提出改良方案。為避免貿然實行，招致失敗的危險，可先行測試。假若限於時間或經費因素，無法進行測試，至少應針對某些重點進行測試。

根據筆者的經驗，主管與一般員工常見的問題，是在擬訂計劃前，雙方都未曾仔細思考。定下計劃後，實行上更是得過且過，這樣毫無計劃性的作法，任何事務執行起來，看來都相當順利，殊不知其中隱藏著極大的問題。

本文中歸納出的三大要點，也無須完全遵從。同時無論腦海中是否有相當概念，只要不付諸實行，即毫不管用。正如先人告訴我們：「步驟安排占八成。」為此，我們更應致力擬訂計劃。

雖然「步驟安排占八成」的作法實行上很困難……

擬定計劃的標準流程

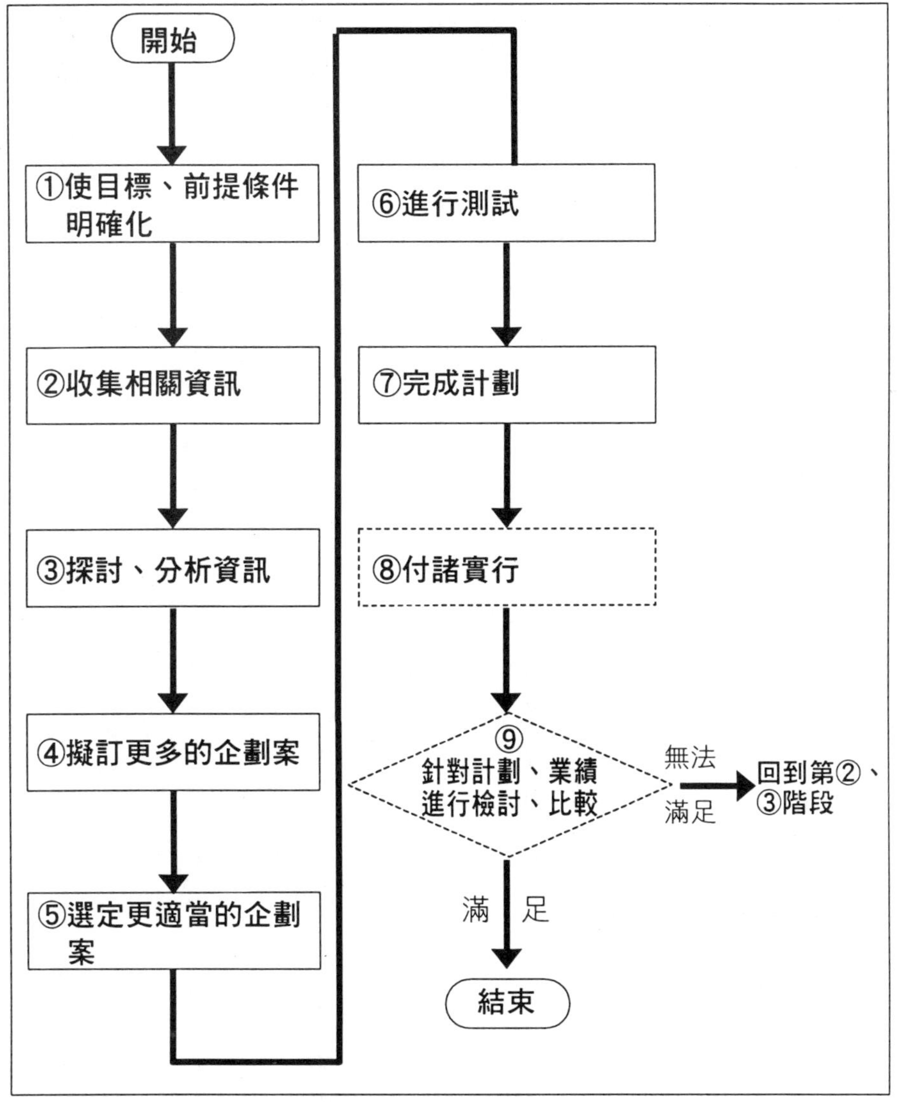

（註）嚴格說起來，第⑧、⑨項不屬於計劃立案階段，在此仍將之列出，並以虛線框起，以供各位參考。

5 各項計劃範本

按前述中的說明，提出各種計劃範本，包括年份計劃、各週計劃、專題企劃等。本章先說明應用範圍最廣泛的計劃書，營業部門的各週拜訪計劃，以及製造部門的日程計劃。

①各週拜訪計劃

業界前輩說得好：「訂單數目與鞋底磨損程度成正比。」可知業務員拜訪次數的重要性。話雖如此，貿然拜訪客戶的作法，仍是最不理想的方式。

事前徵詢客戶的時間，再依此訂定當週拜訪計劃。由此一計劃書中，即可詳知計劃拜訪的顧客數量，才能有計劃的進行推銷工作，並達到事半功倍的效果。

事實上，訂下四星期各週拜訪計劃的業務員，有計劃性的進行推銷工作者，寥寥可數。問及為何不從事計劃性的拜訪活動時，他們提出的理由不外乎「計劃拜訪的時間，突然有客戶來訪」或是「別的客戶臨時要我去，我又不好拒絕，只好破壞計劃……」等，再不然就是「我又不會偷懶，應該不必訂立計劃，而且業務工作機動性高，伺機行動不是更好？」

的確，不要使每日的拜訪行程，受限於「計劃」的框架，配合每日的突發狀況行動，才更自在，這種說法看似有理。

但是觀察汽車、壽險等競爭劇烈的業界，多數頂尖推銷員，都在事前訂定周詳的拜訪計劃，依計行事，才得以提高業績。由此可知，事前訂定拜訪計劃，並努力實行，是提升業績的不二法門。

②產品別製造計劃

此一計劃的特徵，有如下兩點：

- 無論計劃、績效都以累計法計算。
- 考慮以計劃、績效進行對比。

先由樣本的時間單位進行設想，包括月份、星期、日期等，產品方面則由客戶名稱、經辦者姓名、所需機械著手，即可做出變化彈性大的計劃書。

①各週拜訪計劃　　　　月　日～　月　日拜訪計劃表

製作年月日：　　製表者：　　批准者（審核）：

日／用件／時間	8/3(星期一)						8/4(星期二)					
	顧客	洽商	交貨	回收	其他		顧客	洽商	交貨	回收	其他	
8							福島物產	○				
9	佐藤商事	○					信夫產業	○				
10	安部商店	○	○									
11	村上產業	○		○			松川興產	○	○			
12												
13	富永商事	○					飯坂產商	○			○	
14	藤田商事	○					佐藤商事	○				
15							村上產業	○		○		
16	保原產商	○		○			二本松商事	○				
17	掛田工業	○	○									
其他												
合計	7家	7	2	2			7家	7	1	1	1	

②產品別製造計劃、績效表　月份產品別製造計劃・績效表

製作年月日：　　製表者：　　批准者（審核）：

品名／日		7/11	7/12	7/13	7/14
YA-94	預定	12 / 12	14 / 26	15 / 41	14 / 55
	實績	11 / 11	13 / 24	16 / 40	
AZ-79	預定	19 / 19	22 / 41	24 / 65	23 / 88
	實績	18 / 18	20 / 38	23 / 61	

(註) 1. 斜線上方為一日產量
2. 斜線下方為累計數量
3. 記錄至7／13的績效為止

6 做好統合工作

第二項介紹經營管理週期中的最後階段，其中之一就是「統合」。

平時我們多半稱之為審核或檢討，一般較正式的說法，則稱為統合。

統合是指在經營管理週期的實行階段，檢討是否依計劃、指示實行的步驟，未依計劃進行的部分，期間的差距是否應進行調整等。

值得注意的是，「期間的差距調整」也有兩種含意。

其中一種，是立即做出對策回應，並付諸實行。例如眼見交貨期延遲，就應要求員工加班，或請求支援等，以求準時交貨。或客戶正因雙方策略不同，大發雷霆時，應立即前往說明致歉等。

另一種是檢討計劃與指示之間，發生差距的原因，並做出排除此一因素的對策，重新實行。

前者的對策，往往只能應急，無法永久排除狀況發生，是最大的弱點。相反的，後者雖能有效消除問題點，卻太費時費事。假若能因此一一排除問題點，該職場或經辦者必能在工作上，獲得長足進步。

最理想的作法，仍是運用立即反應的策略，再逐步修正排除因素的對策。

事實上，我們在職場中通常只見立即因應對策，排除因素對策則相當罕見，導致原有的錯誤一犯再犯。

左圖注意事項如下：

①掌握績效

由數據上掌握工作績效，是相當重要的。在階段①以數據掌握工作績效，在階段②則依計劃與指示，衡量實際績效與計劃間的差異，可因此做出更適當的判斷。

②將此次計劃做為於下次統合內容基礎

實行至階段④，才完成經營管理週期的基

本循環（一輪）。只要在階段③，成功排除影響計劃進行的原因，即可做出實現潛能極強的優質計劃。

執行「統合」工作必須按部就班，有條不紊……

統合標準流程

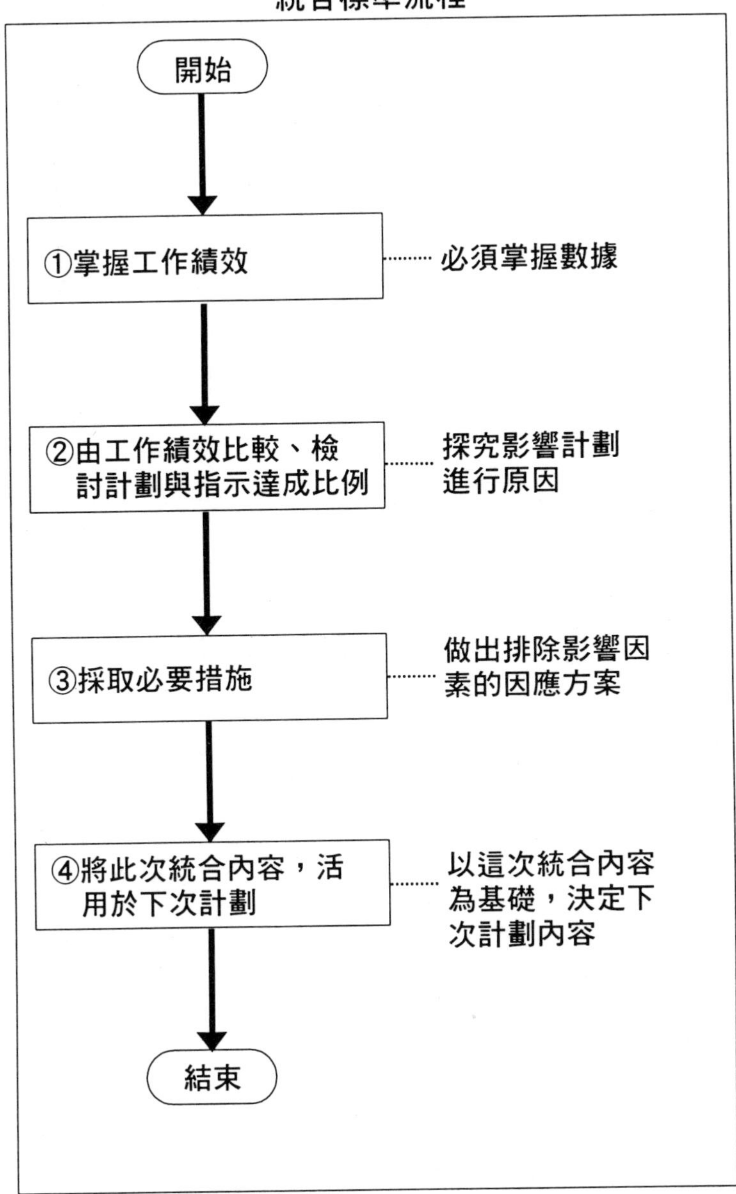

7 準確執行指示與報告

我們依據上司的指示執行工作，完成後再將工作結果報告上司，獲得上司認可才算工作完結。身為主管，除了原有的工作程序之外，應再加上接受部屬報告的項目。

由此可知，準確掌握、執行指示與報告，不只是上班族溝通能力的基本，也是不可或缺的能力之一。此外，多數主管熱衷要求部屬提出報告，自己卻鮮少主動向上級報告，這是今後必須改善的部分。

以下歸納準確執行指示與報告的要點。

①簡潔明瞭

每個人都為職場中的工作費心盡力，因此指示與報告內容應以簡潔為要，是否忠實傳達意念，更是絕對必要的部分。

具體的說，應如何提出簡潔的報告，可參考左頁整理出的5W1H，做出指示與報告內容。主管向部屬提出指示時，若能依據5W1H作成指示內容，不失為相當理想的作法。

接受上司指示，或聽取部屬報告，應儘可能以5W1H為原則進行整理，同時也努力對內容進行了解。

②條理分明

指示與報告都是工作範圍內的行為，因此能否做到條理分明，是每個人都必須自我要求的部分。書面報告或指示，條理分明是理所當然之事。即使是口頭報告，也應儘可能條理分明，完整表達。

將指示與報告書內容條文化，不僅容易達到簡潔明瞭的標準，更有助於主題意識的表達。

③確認內容

發訊者提出的指示與報告內容，收訊者是否能百分之百接收，答案通常是否定的。消除溝通失誤，最好的方法就是要求收訊者複誦一次。假若收訊者是上司，要求對方複誦有困難

溝通原則

5W1H ＼ 內容		內容		注意事項
① What		什麼事	工作、產品、商品、材料、零件等	指示與報告均不可或缺
② When		何時？截止日期	實施時期、交貨、施工期	同上
③ Who		誰、與誰合作、由誰負責	包括經辦人、工作伙伴、交涉對手等	同上
④ Where		在哪裡？到哪裡？	工作場所、收受地點、目標地點	有必要與不必要兩種情況
⑤ Why		為什麼	工作目的、必須達成工作的理由	同上
⑥ How	to	用何種方法？	決定採用的方式、自我因應對策	同上
	much	費用多少？	應有的花費	同上

指示、報告的原則

①**簡潔明瞭**……以５Ｗ１Ｈ整理出內容
②**條理分明**……將報告內容條文化
③**確認內容**……複誦內容（自己執行）

時，發訊者可主動複誦指示與報告內容重點。

在推進多數看來理所當然的事務時，也應誠實記錄步驟，即使程序看來過於繁複，有些大家都無異議的項目，往往是引起爭端的因素。

※　※

上述三個關鍵要點，目前多數職場中仍少有人實行，放眼多數的職場實況，仍充斥著拖泥帶水的指示、欲語還休的報告，以及雜亂無章的指示言論，再加上充滿辯解、沒有結論的報告書，以及雙方各執一詞、毫無休止的爭執……這樣的情況，相信你我都不陌生，而同樣的劇情，卻仍在反覆上演著。依我之見，日本的上班族還需要更多的學習。

8 各種報告書

每個人都必須根據上司指示執行工作，自然也必須回報工作狀態，可依如下方式，整對上司提出的報告。

向上司提出報告
- 口頭
  - 面對面
  - 電話報告
- 書面
  - 規定格式
  - 自由格式
  - FAX

再將報告法的主要特徵，進行如下歸納。

口頭報告與書面報告的最大差異，在於是否作成「記錄」。能完整記錄報告，可說是書面報告的最大特色。

①可成為明證。口頭報告就有因溝通不良，引發爭端的弊端。

②可針對報告內容進行分析、檢討。只要分析、檢討報告內容，即可充分掌握工作取向與特點，同時也可提供下次指示或管理更有利的資訊。

在一天工作結束時，或工作告一段落的階段，即使相當費事，仍應儘可能做出書面報告（主管可要求部屬提出書面報告）。

將報告書面化時，若能配合運用良好的報告書格式，必能做出更理想的報告。

接著介紹二個樣本，供各位參考比較。

①工作日報

目前多數企業，均採用這類格式的報告書，這正是不理想日報的最佳實例。

這類格式相當不理想，主要理由是書寫部分太多，常使報告者望而怯步。

②營業日報

這類格式大幅減低書寫篇幅，讓人對於提出報告的排斥感大幅降低。

各種報告書格式

①工作日報實例

工 作 日 報

單位： 年 月 日 負責者

內容 時間	作業內容	特記事項
上午		
下午		
時間外工作		

②營業日報實例

1995 年 5 月 8 日 營 業 日 報 姓 名：福島信夫

時間	拜訪客戶	用件					訂單金額	已收金額	存額	費用				特殊事項 (申訴案件等)
		洽商	訂約	交貨	收款	其他				交通費	交際費	餐費	其他	
8	通車時間													
9	福島商事	○												第三次洽商，對方態度仍不明朗
	移動													
10	信夫興產	○												對於新產品○○的性能表興趣
3	富田商事	○												對新產品的價格有意見(希望調降 15%)
	通車時間				○									即期支票
4	二本松產商	○												
5	通車時間 松川工業	○												
6														
合計	8	8	0	3	2	1								

記事		指導		經理	
				課長	
				股長	

9 推進目標管理

任何人都有「為所欲為」的基本意願，因此在能自由行動的狀態下，幾乎所有人都能幹勁十足，努力實現自己的想法，相反地，一旦陷入不自由狀態，工作處處受限，則呈現完全相反的工作表現。

根據第二項介紹的經營管理週期中，由主管或高層員工，評估、作成目標達成計劃，將部分工作交由部屬或基層員工處理，並在工作段落階段，提出報告說明。此時，再針對部屬或基層員工的指示執行度，進行審核。在經營理論上，這是最理想的基本作法。

這點在執行上應無問題，但部屬或新進職員的感受卻大不相同，除了表現高度配合指示之外，同時也滿足「依自我意願」行事的慾望，自然表現出不同以往的工作熱誠。

指派部屬任務時，可同時告知上司的期望，以及完成工作的條件。工作細節部分，交由部屬自己決定，由部屬自己考量，這就是所謂的目標管理。

目標管理的簡單流程，如左圖所示，由主管明確指示職場目標與方針，並告知工作目的之後，再交由部屬進行自我思考並實行，讓部屬自己思索：「應做些什麼？」（如此也能滿足部屬「為所欲為」的慾望）在部屬提出企劃之後，上司與部屬再針對內容進行溝通，排除缺乏目標性的決定。

在實行階段，上司也應尊重部屬的自主性，必要時引導其工作方向。

在統合階段，先由部屬進行自我評價，再依據內容進行協商，此時上司可適時指導部屬執行工作。

遵行目標管理的原則，將此次內容進行反省與指導，並成為訂立下次計劃的立案範本。

有時即使提出相當理想的目標計劃，達成率卻未盡理想，員工的自我評價也會隨之降低

目標管理的經營週期

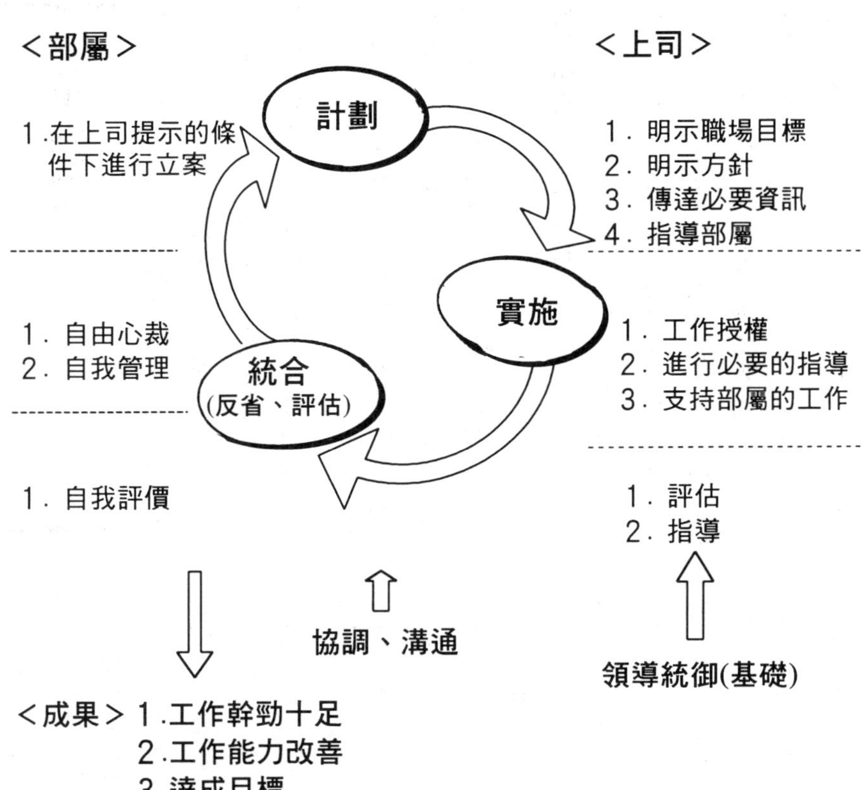

，也傾向自我降低目標水準，避免辜負上司與高層的期望。為完全遏止此一現象，在設定目標的統合階段，上司的指導、溝通格外重要。

由此可知，欲使任何計劃按原則發揮功能，需要每個人的全力配合。

近年來，多數企業大力推行白領階級生產力提升，實行目標管理的意願也更加醒目，能否對部屬的工作績效進行公正評估，上司的評估能力、勇氣以及指導力，成為最重要的條件。

10 各項戰略

各企業在年初時會公佈本年度經營計劃（內容包括銷售（生產）目標、利益目標等），但本年度的經營計劃，卻極少獨立提出，仔細觀察不難發現，其內容多半依據經營戰略設定。

經營戰略為考量企業經營方向的全盤計劃，排除因應各自需求的細節部分，可依據區分基準進行各種分類。以下介紹兩種區分方法。

①由機能與事業組合分類

企業經營必須聚集資金與人才，開發出富自我特色的產品，並進行製造、銷售工作。如何使這些功能完全發揮，則有賴各項戰略協助實行，現在由各項機能進行戰略說明。

就實際情況而言，一般企業極少僅執行一種經營，組合事業是較常見的型態。因此也可藉由事業分類，執行戰略運用，將兩者組合即成為左圖①的企業經營戰略。

②依照企業成長方向分類

世界不斷變動，時代也在轉變，相對客戶的想法、需求，也一直不斷改變。認為單靠現有的產品，仍可穩當經營的想法是危險的。新產品、新服務開發、開拓新市場，都是企業維續生存、發展的重要因素。只要綜合產品服務與市場現況，配合未來發展進行判斷，即可做出如圖②所示的企業成長的方向圖表，這同時也是一種經營戰略的分類。

根據筆者的經驗，目前多數企業仍宣稱：「我們毫無經營戰略可言，只是順應時勢經營而已。」表面上看來如此，但只要考慮未來雇用員工、繼續經營，就已牽涉經營戰略的一部分，或許嚴格說起來稱不上「經營戰略」，但任何企業都有其獨特的經營理念，以及經營狀態。只須研究企業目前的經營狀態，就不難找出適用的「實際經營戰略」。

各項經營戰略

①經營戰略矩陣圖結構

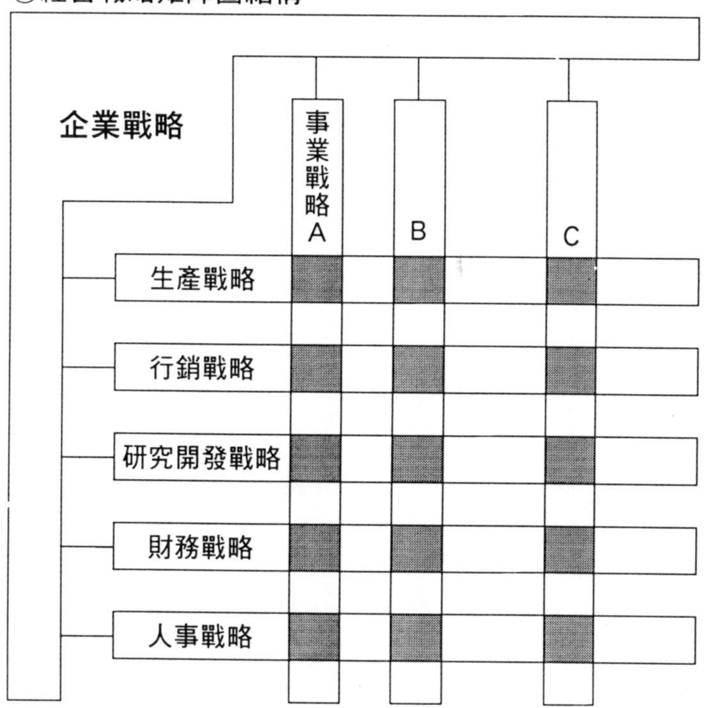

(來源)：「經營戰略論」石井淳藏、奧村昭博、加護野忠男、野中郁次郎合著　有斐閣（出版）

②依據企業成長方向，結合產品與市場

製品 需求(市場)	現	新
現	市場浸透（戰略）	製品開發（戰略）
新	市場開發（戰略）	多角化（戰略）

(來源)：「企業戰略論」H.I.安蘇夫著　廣田壽亮譯
產業能率二專出版部

11 職場戰略立案

關於戰略一詞的疑問,多數人常提出:「戰略與戰術的不同點為何?」會發出這樣疑問的人,腦中已明確區隔出兩者的不同。假若答案是「至今仍無法明確區分」。則必須多了解兩者的異同。舉個例子來說,業務課長應確保每月〇萬元的訂單水準,所以必須督促業務員,多方奔走以求達到這個標準,這就是所謂戰術級的努力。如果業務課長心想:「看來得花幾年的時間,將〇〇變成主力客戶。」因此對職員提出對策、必要時配合支援,這就是業務課長級的戰略。

還有不少人對於「戰略」的看法,仍停留在「那是董事長的工作,我們只須服從指示就可以。」由前文中的各項說明,即可知道這是錯誤觀念。

假若目前由課長自行設定該課的戰略,可做成左圖所示的「職場戰略立案的標準過程」,以下進行重點說明。

①評估、活用所有的經營資源

不僅是自己企業中的經營資源(人、物、財、資訊等),還包括直屬上司所能活用的經營資源權限。如果你能提出富創意的經營戰略,相信直屬上司也會同意並支持你的作法。

②考量職場戰略

有些人只針對自己經辦的業務,執行戰略思考,嚴格說起來,這只能解釋成「經辦業務的必備戰略」。

③獲得直屬上司的採納

常聽上班族抱怨:「我的直屬上司真是食古不化,每次對他提出新的建議,他總是固執地抱持原有的想法。」此時你應想想,如果這麼優秀的戰略得以實現,必定能使職場業績大幅改善。相對地上司也會因此獲利,當上司不同意你的看法,有時必須重估這項戰略的可行性。

戰略不只是企業高層的任務

職場戰略立案的標準過程

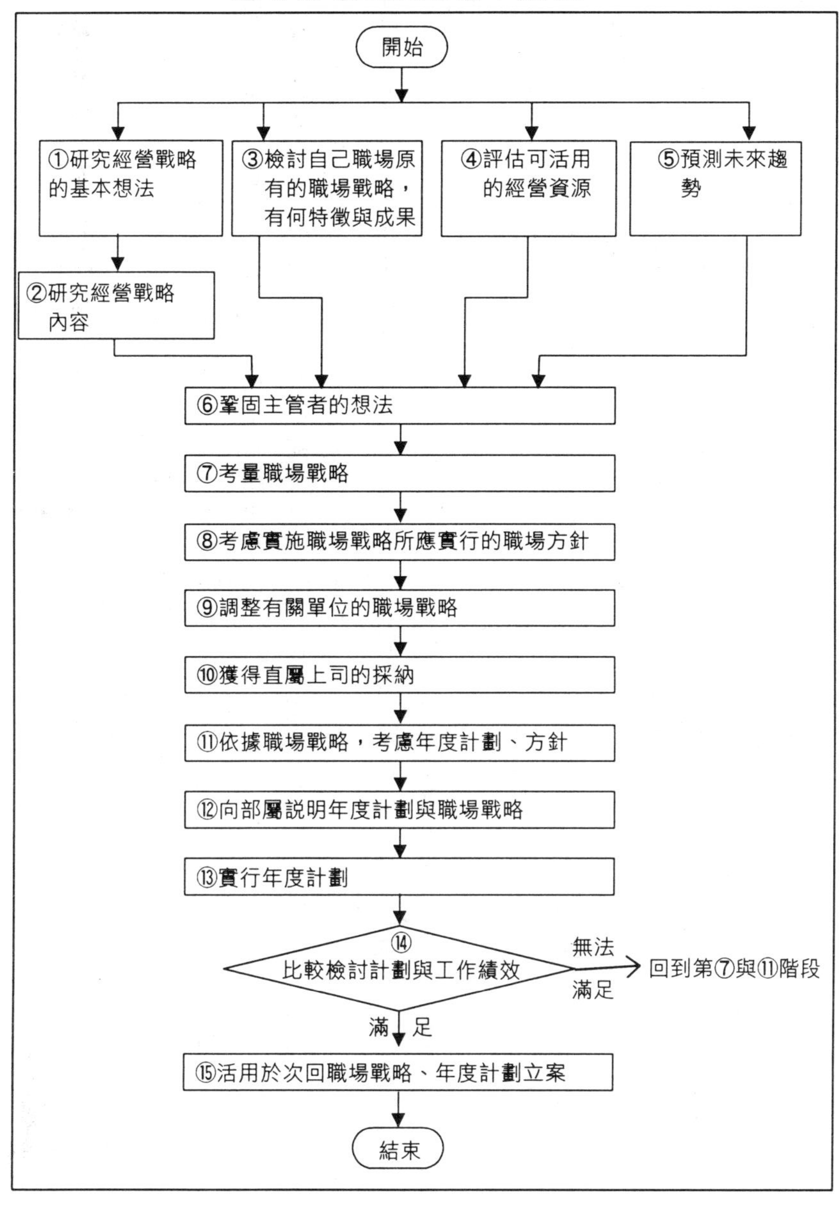

12 權限與責任的關係

執行工作必須具備各項機械設備、材料、電話等，這些都是由企業貸款購得，也就是所謂的企業資產，以及企業每年所需支付給電信、電力等外部事業單位的費用，都可稱得上是企業資產。運用這些資產，無須一一徵求上司的許可，可透過自我判斷進行運用。這也表示我們同時被授權，得以任意使用企業資產與某些金錢權限。

享有這些權力的同時，一旦遭遇無法達成目標、延期交貨、經辦業務無法順利執行等狀況時，我們同樣必須擔負業務責任。

由一般員工、股長、課長、經理拾級而上，職位越高，權限越大，相對地必須肩負的責任也加大。

因此，一個人經辦工作的權限與責任是一體的，每個人的工作目的就是盡力使兩者取得平衡（參看圖①），如果平衡崩潰，就會出現如圖②③的狀況。

突發狀況中，最常見的就是圖②的狀況。即使未獲企業充分授權，無法達成任務時，也無須擔負過大的責任，因而也算取得某種平衡。

在實際情況中，無權有責的情況比比皆是。

面對這類情況，應如何應對。可嘗試向上司說明情況，請求授與自己期盼的權力種類與程度。

有時也應自我反省，企業不准許授與權限的原因，或詢問上司。上司若能將權力授與部屬，相對地也減輕自我負擔，假若上司遲遲不願授權，其中必定大有原因。

這可能與工作能力、態度，無法獲得上司良好評價有關，必要時深入理解箇中原因，並虛心努力求改善，才是獨善其身應有的設想。

權限與責任是一門大學問，非三言兩語足以道盡……

工作、權限責任應三體合一

①應具備的型態

②未獲授權，即必須負責的情況

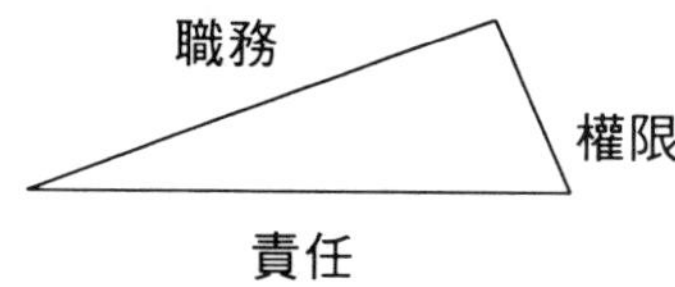

・任何狀況都應請示上司，否則將無法進行工作

③未獲授權，卻也無須負責的情況

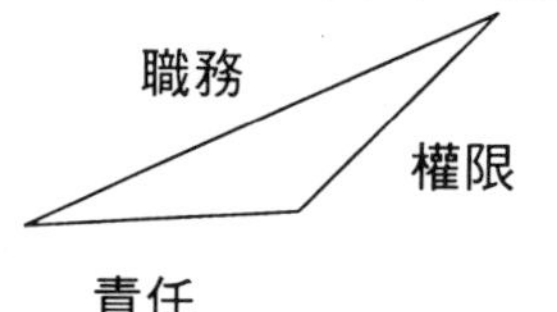

・唯上司意見是從的機器人

〈用詞解說〉

1.**權限**

權限指正式被分派職務的權力與力量，一般可將權限分為如下兩種：

權限
- 管理權限……決定權、自由心裁的權限、命令他人的權限
- 工作權限……要求工作的必須權限

2.**責任**

責任是指某職務或職務執行應盡的義務。

責任
- 職務＝某職位被要求執行的工作
- 完成職務應盡的義務

講師理論行不通

(理論與實際狀態間的差距)

上一次的主管進修會之後的二、三個月，為追蹤進修內容的實踐度，我走訪多位進修學員。結果發現，未將進修時學習的理論，實際用於自己職場中的人，占絕大多數。

在進修會當中，努力學習的成果，為什麼無法在職場實現？這真的是一大爭議點。

雖說無法實現的理由，因各職場狀態而異，歸納出的共通理由如下：

①縱然有意實踐學習內容，卻始終未獲得職場與部屬的善意回應。

②工作太忙，實無餘力實行進修內容。

③實行上太麻煩。

如果理由③居大多數，經營管理的理論即無法成立，考量職場目標，原本就是繁複的工作。達成目標之前，必須指導部屬，甚至是為數眾多的員工，都是相當麻煩的工作。就如同問某人有何生活目標一樣，都是麻煩的事情，如果因為這個理由，放棄執行的機會，恐將一事無成。

關於理由②，則是可能經常發生的現象，除額外播出時間之外，別無他途。

關於理由①，想突然改變原有的職場習慣，總會遭遇重大挫折，但為實現自己的理想，應以循序漸進的方式，耐心實踐，這同時也是實踐經營管理上應有的力量之一。

第二章 活用人的經營管理

1 職場工作者的基本資料

我們每天都必須和同在職場中的工作者共事，俗話說：「一種米養百種人。」其中每個人都有其不同性格與想法。

如何運用各自的特性，使他（她）發揮最佳的工作能力，協助任務的完成。

首先須知對方的「基本資料」。

●身為主管，可借助此一力量，執行經營管理工作。

●即使是一般員工，也可因此與同事相處融洽，工作推進更順利。

左頁介紹的是職場工作者須探知的基本資料，可由此為範本，做出適用於自己的資訊項目。其重點如下：

①年齡（出生年月日）

如果可能，最好能詳記對方的出生年月日。

試想在自己生日時，意外收到同事贈送的生日禮物，或在對方無預警的情況下，突然說出：「○○先生，你是○○年×月×日出生的。」對方會心想：「哇！竟然知道我的生日！」因你格外的關心，對方也容易對你產生親切感。

②學　歷

近年有些企業，在就業考試時，刻意不詢問應試者的學歷。即使存在各企業間的「派系」問題，多半與學歷有關，但目前國內仍是學歷至上主義，所以探知對方的學歷也是不可或缺的部分。

③經　歷

如果是新進員工，就應了解對方在現今職場上的狀態，如果是轉職或調職員工，就應知道對方在進入本公司前的職務。

④能　力

能力屬於「低等」狀態時，多半由主管或資深員工帶領、協助工作進行。同時也是新進

對於同一職場工作者的了解程度

姓名	年齡（出生年月日）	學歷	經歷	能力		思考力		性格		交友		家族	其他
				弱等	優等	工作現況	未來	缺點	優點	公司內	公司外		
1.				1 2 3	1 2 3	1 2 3	1 2 3	1 2 3	1 2 3	1 2 3	1 2 3		
2.				1 2 3	1 2 3	1 2 3	1 2 3	1 2 3	1 2 3	1 2 3	1 2 3		
3.				1 2 3	1 2 3	1 2 3	1 2 3	1 2 3	1 2 3	1 2 3	1 2 3		

人員最重要的培育項目。至於能力屬於「優等」者，主管通常心想：「他可以自行處理……」由他自行從事執行工作，能力自然也將獲得提升。

但主管本身也應仔細檢討，自己判斷「能幹」與否的根據與標準，指導部屬提升工作能力。

⑤想法、個性、交友

在範本中，按照個人認為的重要程度列出三項，數目越多越好。

職場中的員工，尤其是單位主管，常自認為了解自己的屬下，根據筆者的經驗，上述表格內容，有一半左右的主管寫不出來。

果真如此，「活用一個人的經營管理」理論就派不上用場了。建議您不妨再試一次，得到的答案必定出乎你預料。

2 開發能力的各種方法

請你先回答下面兩個問題：

問1 高中三年，那一科目的表現最優秀，理由為何？

問2 數學公式、英文單字有無特殊的記憶方式？

問1的答案可能是，對於該科目有獨特的興趣（特別喜歡）↓自動自發用功↓得到優異成績。

由此可知，自發性學習（在此稱之為「自我啟發」）才是能力開發最基本的方法。主管與資深員工應先努力自我啟發，再期待部屬或晚輩也能自我啟發。

問2的答案則是反覆練習的功效，經由學習經驗中，我們不難發現，週而復始的練習，是習得知識與技能的不二法門。

由圖表中，可發現自我啟發是能力開發的主要重點。

全體員工如能透過自我啟發，訓練出執行工作所需的能力，雖然是最理想的方式，實現機率卻等於零，最後仍須藉由教育訓練來實現。

由問2中的答案中可得知，教育訓練包含現場工作中的長期指導，以及教育訓練（ＯＪＴ＝On the Job Training為主，至於工作時數外的培育工作（Off・J・T＝Off the Job Training），則因學員難以持續

缺　點
①難以長期持續學習意願 ②學員可任意選擇學習對象 ③實行目標由學員自行決定
①難以長期持續學習意願 ②指導內容僅能達到最低限度 ③難找出指導時間
①難以實施學員所需求的適當指導 ②難以反覆指導 ③任由學員實踐學習內容

能力開發、培育工作，看似簡單，其實……

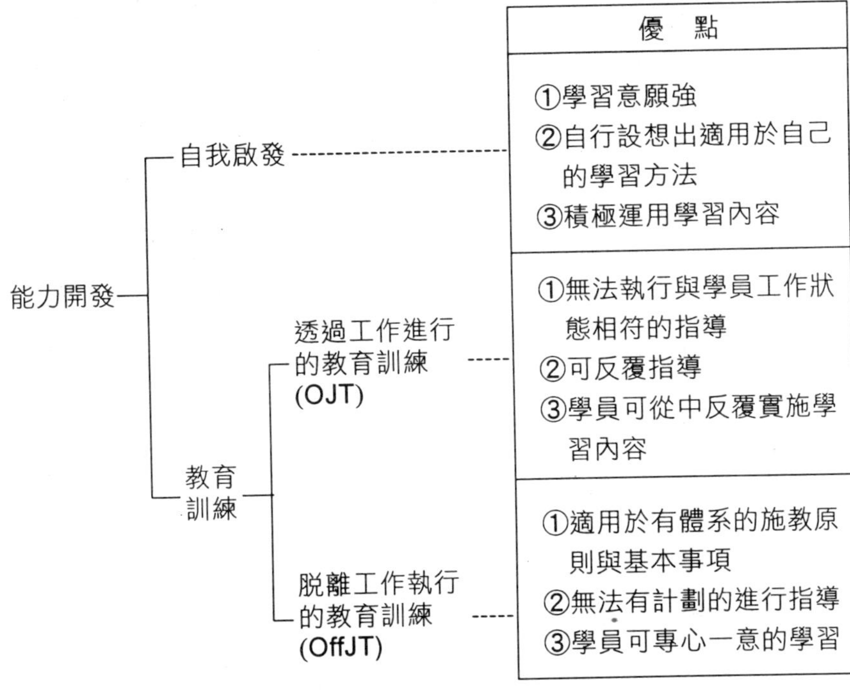

復習學習內容，無法成為教育訓練工作的重點，只能扮演ＯＪＴ的輔助角色。

將前文敘述的內容，可歸納出如下的重點。

①自我啟發為能力開發的主要重點：

②ＯＪＴ為教育訓練主流。

③Off・J・T扮演ＯＪＴ的輔助角色。

事實上，大多數主管都未具備這樣的觀念，誤認為Off・J・T才是能力開發主流的人，仍占絕大多數，同時未以身作則，實行自我啟發工作的主管，也占絕大多數，如此勢必無法順利執行能力開發工作。

3 掌握能力開發的種類與程度

你以什麼方式，明確掌握屬下與新進員工的工作能力，和經辦業務的能力。

多數人的答案，可能是「不必寫下來，我心裡有個譜」。

事實上，真要寫下來的時候，往往意外發現，原為存在腦中的清晰形象，卻顯得格外模糊；原以為了解透徹，卻只達到一知半解的程度。

對於屬下與新進人員的能力掌握，也是相同情況。平日大家都忙於工作，自然難於進一步了解對方。

多數主管到了年底考績時，才開始認真檢討部屬的工作能力，能明確記錄下來，也只限於此時。

公司當局也不硬性規定，主管或執行考核人員，必須逐項列出考績內容。只單憑長期印象，進行人事考績工作，也就是前者並未明確掌握部屬能力的種類與程度，如何又能指導、培育部屬能力，如同不帶地圖登山的情況。

以下告訴您掌握部屬能力的種類與程度，以及指導、培育部屬能力的方法。首先，可製作如下的能力圖表，明確記錄每個部屬與晚輩如下事項：

①在職場內曾經辦與未經辦的事務。

②某項業務處理能力。

③應加強某業務處理能力。

運用本表，即可有體系、有計劃進行部屬培育工作，直到對方可獨當一面，接著再進一步訓練，使對方獲得足以指導晚輩或部屬的能力，或改訓練其他工作能力，拓展其工作範圍。

有了這份資料，不僅能計劃性進行能力開發，也可改變工作內容，同時也可藉由本人意願的提升，發展出適用於本職場的能力開發體系。

「能力」也有不同種類與內容

正確掌握「能力」

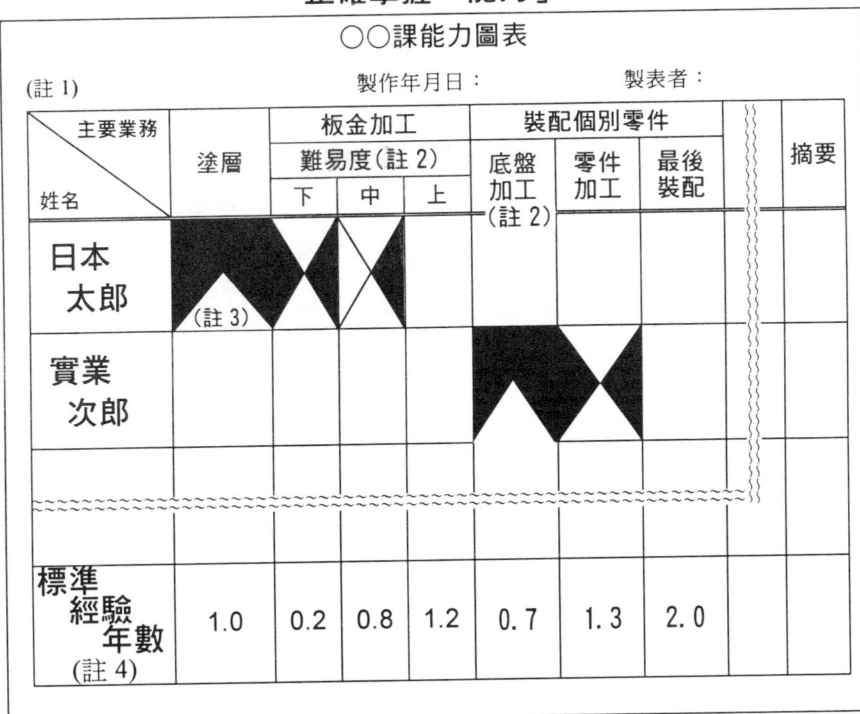

○○課能力圖表

(註 1) 製作年月日： 製表者：

主要業務＼姓名	塗層	板金加工 難易度(註 2) 下	中	上	裝配個別零件 底盤加工(註 2)	零件加工	最後裝配		摘要
日本太郎	(註 3)								
實業次郎									
標準經驗年數(註 4)	1.0	0.2	0.8	1.2	0.7	1.3	2.0		

(註)1. 選擇該職場的主要業務

2. 依照主要業務的實況，細分業務內容與應改善的精密度

3. 制定下列標記，並設定含義

(1)無記號……毫無經驗

(2)……初級（應進行指導）

(3)……中級（能獨立處理業務）

(4)……高級（能指導晚輩執行業務）

4. 處理某項業務至中級標準，為必須達到的標準年數

4 計劃性進行能力開發

除了少數新進員工教育之外，大部分的員工教育都毫無系統可言，遑論計劃性能力開發。職場中的員工教育，多半在工作執行方式錯誤，或必須緊急處理某項特殊業務時，前輩或資深員工緊急灌輸某些資訊，以應情勢所需。在時間不充裕的情況下，只能給予處理工作所需的基本資訊，這是所有職場工作者都深感無奈的情況。

如果只能獲得最少的知識，又須臨機應變，為使自己所有知識運用得當，應儘可能聽從上司指示。

接著介紹計劃性進行部屬培育與自我啟發的計劃書範本，供各位參考。

其要點如下說明：

①執行培育計劃的時間與單位

根據筆者的經驗，這類培育計劃以半年為期限較實際，計劃時間單位以月份較理想（如同上圖範本，每個月的數值除以四，就可算出星期單位）。

多數職場以一個月為單位，因為較能由此看出繁複的工作變化，是最普遍化的方式。以月份為單位訂立計劃，上個月未完成的部分，可在本月分吸收、完成，是最實際的作法。

②目　標

儘可能具體列出目標。因為有沒有達成目標，成為執行計劃

(註 2)

管理者：

目標	摘要
技術者向客戶說明〇〇產品的物理特性	
同上 化學特性	多數人的化學知識較缺乏，需反覆解說數次
按改變規格的種類與程度，修正標準交貨期的延遲時間	

計劃性進行能力開發
年／　月～　年／　月培育計劃表

（註2）　　　　　　　　　　（註1）

部屬姓名：

業務	育成事項 ＼ 月	10			
○○產品促銷	**○○產品的物理特性**	產品目錄 樣本			
	○○產品的化學特性		化學分析 檢查報告書		
	○○產品的製造工程			工廠出差 觀摩、實際技術（演練	

（註）1.如果用於自我啟發，則以自我啟發計劃表命名
2.非自我啟發則免

努力與否的唯一尺度。

③書寫方式

最實際的寫法，則如範本所示，將計劃期限以虛線框起，寫上使用教材與方法，再以實線記錄工作績效。

如此一來，有沒有按照計劃進行管理，即可一目了然。

要求單位主管實際填寫培育計劃書，大約有三分之二的人寫不出來，高層資深員工，則有約莫九成的人無法詳實填寫。

由此不難發現，多數主管未計劃性進行部屬的能力開發工作。

5　實際的培育工作

以下具體整理出實行ＯＪＴ的過程，並詳加說明。

①下定決心要成為優秀的指導者

主管或資深員工，都習慣肩負指導後輩或新進員工的任務。如果按原則執行圖中六項，即可找出許多打破形式化的重點。

②指導計劃的推進方式

這裡提及的「計劃」一詞，不同於前文中說明的計劃，而是即將花費多少時間，推進ＯＪＴ實行計劃的時間。

③實際施教

左圖表整理出實際施教的重點，不少指導者總是省略⑴、⑶項，須格外留意。

④促使對方獨立實行

經由前階段的培育工作，獨立實行的展望，終於在本階段付諸實施。同時在本階段也應評估上階段教材的實行度，無論必須給予多大的自由發展空間，仍有完成工作必須遵守的規則與基本事項。

在前階段應已熟知教材內容，此一階段則應確實理解，是否能知行合一。

⑤事後追蹤

前階段的成功，已顯示脫離紙上談兵的局面，在付諸實行的初步階段，仍應不斷關心部屬的工作情況，必要時追蹤指導，適時提供支援。

⑥反省、評估

徹底實行各階段之後，在此客觀執行反省、評估工作，截至目前的指導工作，不僅能使指導者本身的能力獲得改善，對於指導面的溝通也更理想。

根據我個人的經驗，能完整實施①至⑥階段，及第③階段的⑴與⑶的主管，幾乎等於零。

OJT的自我指導方式流程

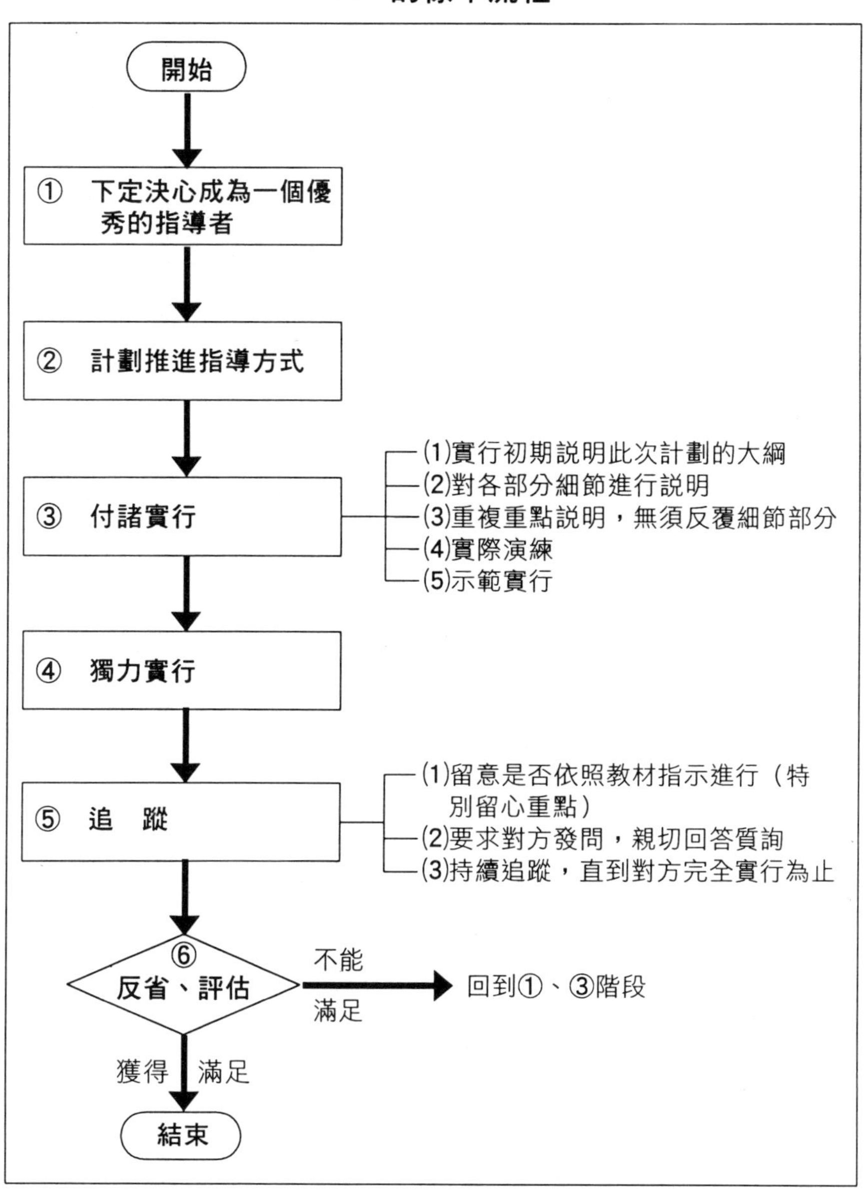

6 工作幹勁何處來①

只要能提起工作幹勁，對於學習或工作都能有超強意願實行，將能獲得最大的學習功效。就含義上而言，幹勁是萬事成功之源。

對於提起幹勁的研究為數眾多，接著介紹能符合我們經驗的兩項學說。

美國心理學家A．H．Magzoe，提出幹勁根源是欲求的說法，並將欲求分為五種，以「欲求五階段」進行說明。

或許有人認為這不過是老調重彈，但仍希望各位充分對此學說進行理解。

本學說可如圖示，整理出各階段名稱，以及主要內容，滿足各階段從業員的欲求，及了解經營上的施策。

以下先說明本學說，左圖示之外的內容。

①不同欲求將隨階段一一出現

第一階段就是生理欲求，人都有身為健康動物、維續生命的基本欲求。因此，這項欲求也都比其他欲求更強烈，更受人類重視。

一般認為第一欲求獲得滿足後，即開始產生第二欲求，接著依序出現第三欲求，最後達到五階段欲求。

②高階段欲求屬於高度欲求

從第一、第二、第三……階段，越高階段的欲求，就是越高級的欲求。Magzoe 提出第五階段的自我實現欲求，則被稱為最富人性的高度欲求。

此外，第五階段的欲求，又被稱為成長欲求。其中包含探知自己未知的事實，即使是已知的事項，仍進一步探求更高深的學問，同時也回顧自己的經驗，這即是最富人性的高度欲求。

③不吝於給予評價

在獲得他人誇獎、或高估自己實力的同時，常使人興起持續執行受誇獎行為的意願。

相反的，當心中期待著「……這麼做將受人讚雖然古有明訓「武士不露餓像」，但是……

眾所皆知的「欲求五階段說」(A.H.Magzoe)

階段	內容	經營面的主要措施
自我實現的欲求	⑤●實現自己的想法 ●按自我意志執行工作	●目標管理、自己申報制度、教育訓練等
自我尊重的欲求	④●獲得他人肯定 ●贏得他人讚賞	●設定表彰制度、人事考核、升職、晉陞基準
社會的欲求	③●結交知心朋友 ●擁有接納自己的組織	●支援慶生會、公司內刊物、街頭活動支援
尋求安全、穩定的欲求	②●尋求自己的安全 ●期待安定的生活	●安全、衛生、勞保、延遲退休、持家制度等
生理面的欲求	①●感覺飢餓、出現進食欲求 ●疲倦覺得想睡	●設定賃金制度、適當水準的勞動條件、備有公司宿舍、福利設施等

賞」時，卻未獲得意料中的獎勵，總讓人心中升起失望的情緒。

這就是第四階段「自我尊重慾望的滿足」，一旦獲得滿足，即是個激厲部屬的良好時機，此時引發對方的工作幹勁，將可收事半功倍之效。

透過上述說明，相信各位已能理解，只要第四、第五階段獲得滿足，即可輕鬆引發部屬與晚輩員工的工作幹勁。

7 工作幹勁何處來②

美國心理學家F・Harsborg，曾對會計師、技術人員等知識分子，進行面談式問卷調查，以尋求工作幹勁為主題，提出「引發動機——衛生理論」的公開化理論，其主要內容架構如左圖所示。

①促進要因與衛生要因　其一

工作達成度、工作本身是否獲得肯定、責任（被授權的工作）賦予、工作項目、升職等五大要因，只要能使智慧型勞工滿足，即可如預期提升對方的工作幹勁。因此F・Harsborg稱之為「促進（引發動機）」五要因。

此外，公司的經營政策、上司管理監督方式、工資、與上司相處等人際關係、作業條件等五大要因，即使獲得滿足，只會使對方心生踏實感，還無法藉此提升工作幹勁。但對這些項目感覺不滿時，卻可能直接遏止工作幹勁的產生，Harsborg 稱為「衛生要因」。

②促進要因與衛生要因　其二

透過 Harsborg 的研究發現，即使這些要因均獲滿足，仍不見得就能順利提升工作幹勁（多數人總對薪資額度感到不滿）。如何能成功提升工作幹勁？應採取促進要因與刺激並行的策略。

③工作幹勁持續時間

透過他的研究，我們發現長時間持續工作幹勁的排名，依序是責任（被授權的工作）、工作項目（能如所願從事自己喜愛的工作）和晉陞等。

④刺激的強度

對於工作滿足的衝勁強度，依序是達成、肯定、工作項目、責任、陞遷，由此可見，主管或高層員工最好利用如下四種方式，提升部屬、後進員工的工作幹勁。第一、適時支援、鼓勵對方;第二、仔細評估對方的工作達成度；第三、儘可能使每個人都能依自我喜好經辦業務；第四、即使必須時時培育、指導部屬，仍應賦予對方應有的權力。

相信若能確實達成上述四要件，必能使部屬、晚輩在工作崗位上更加努力。

傳統的「高壓懷柔政策」，仍有其存在價值

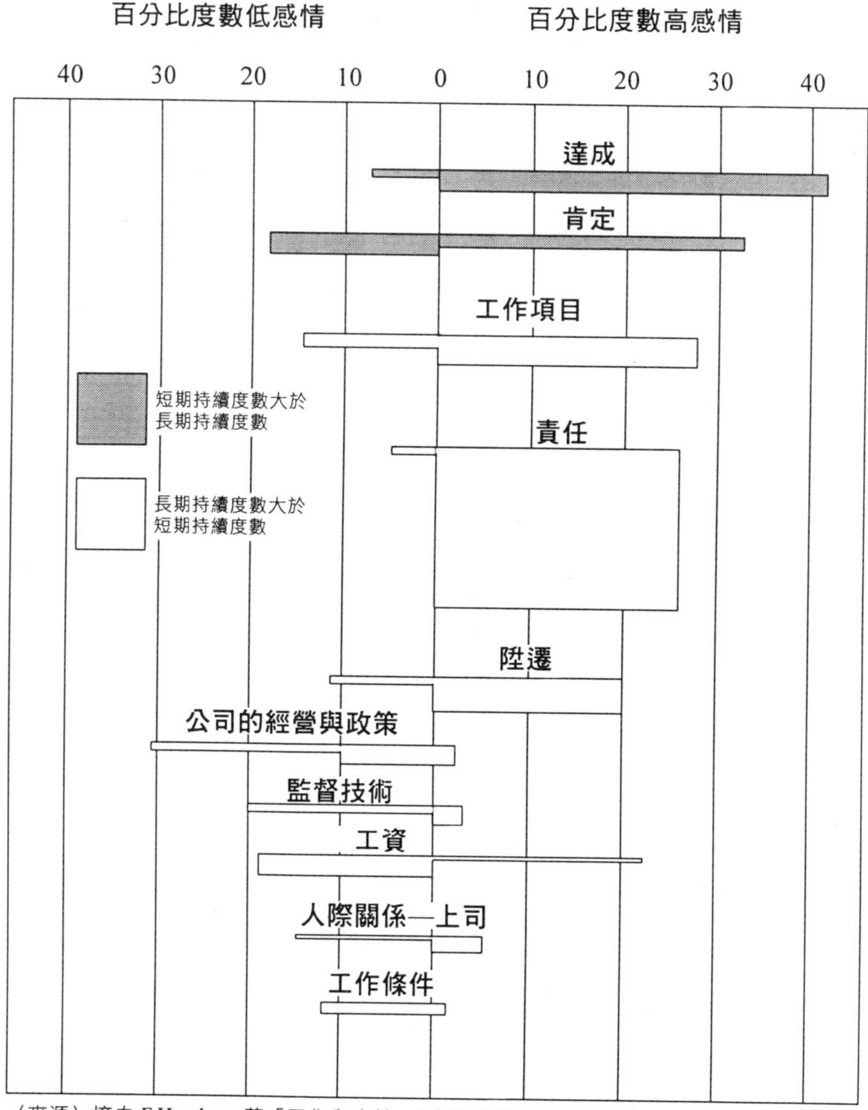

（來源）摘自 F.Horsbary 著「工作與人性」（東洋經濟新報社出版）

8 計劃性改變工作分配

主管或資深員工在指導部屬或後進時，多半只以目前經辦的工作為主，當部屬得以獨當一面時，總在心裡想著：「現在他（她）可以自己做了……」而不會再告知更多資訊。

這種做法的優點，將使一個人長時間擔任某一種工作，擁有極高的工作熟練度。

相反地，卻有難使能力獲得成長，工作日漸形勢化的缺失，自然也無法達到經營理論提倡的重點。

最理想的作法，還是有計劃改變部屬及後進的工作培育，不僅能開發出不同工作能力，也能使工作能力獲得提升，打破工作陷入形勢化的僵局，更能藉此發展出高度工作潛能，可說是事半功倍的理想措施。

左圖整理出有計劃改變經辦業務的標準過程，以下進行重點說明。

①重估目前業務的必要性

如果一切順其自然，未曾推動工作能力提升，只會造成工作量不斷累積，形成極大的工作壓力，參看第七章第一項。

趁著改變部屬經辦業務的機會，重估目前業務的必要性，也是不可或缺的工作之一。

②指　導

由原先經辦此項業務的前任者，指導新接手經辦業務的員工，是最好的作法。如此不僅能使雙方合作無間，更可加深相互理解。

③改善業務處理法

「外行人最讓人傷腦筋」，任何業界都相同，因為外行人完全不懂業界的陋規，總是依照現實狀況分析、處理業務所致。

同理，新任者全無以往經驗做後盾，單靠實際狀態自行處置，有時會提出「換個方式做不是更好」的創意方式，構想獲得採納時，當事人必能提起工作幹勁，並改善工作方式。

縱觀目前各大職場，有心經營計劃性培育

雖然有計劃進行任何事物最理想，但是……

計劃性改善工作分配的標準流程

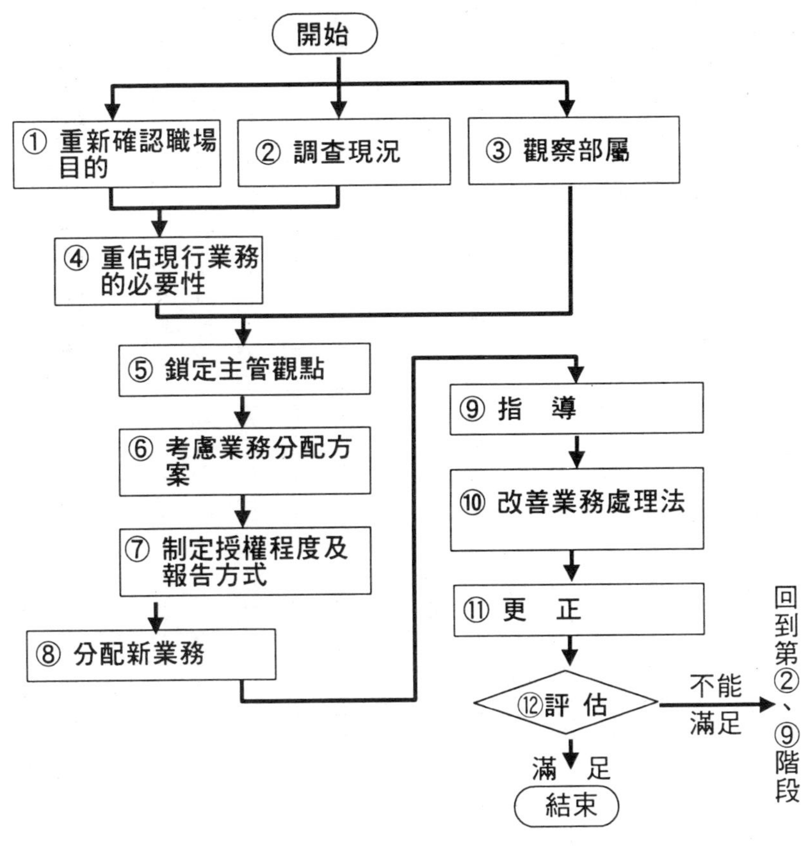

部屬的主管，寥寥可數。因為多數主管都在臨危受命的狀態下走馬上任，既無時間也無充裕時間培訓部屬，也難怪培育部屬的工作，總是無法付諸實施。

關於現況調查的部分，可參看第三章2（第六十八頁）。

9 積極執行工作授權

每個人聽見主管說：「這件工作就交給你全權處理。」總會立即產生責任感，同時引發工作幹勁，為使工作執行順利，還可能因而採取職外進修，補充相關知識，達成自我啟發的功效。同時也使高層員工與主管有更充裕的時間，執行後續工作。

身為主管，應儘可能將工作分派給部屬，也就是完整授權，一般授權的標準過程如左圖所示。

①下定決心

進行授權工作面臨的最大問題，不外乎是部屬犯錯時，責任歸屬多半仍在主管、高層員工身上。主管與高層員工難免心想：「為什麼必須肩負起他人應付的責任，況且是個非親非故的人……」導致提及工作授權，總令人格外謹慎，主管與高層員工的業務堆積如山，部屬與新進員工卻幫不上忙。

擔任主管，即表示已能肩負起監督他人工作的重責大任，假若因為害怕負責，而不將工作授權部屬處理，這個理由未免牽強。

最理想的作風，應是①儘快培育部屬的工作能力，達到足以信賴的境界，②仔細管理工作進度，必要時從旁協助，使工作圓滿達成。

②指導被授權者時，應具備的基本觀念

除仔細配合注意事項外，還須明確傳遞此次權限的意圖，以及主管要求的報告方式。

俗話說：「士為知己者死」。或許有人認為這種說法落伍了，但近期某位職棒投手說：「每當教練臨危授命時，我總會卯足全力投球。」也是相當類似的觀點，卻廣受新新人類族群的支持。

可見人性不分今昔，況且，沒有一位部屬願意與不信任（因此不願授權）自己的上司共事。

未來的光明大道，只為勇往直前的勇者敞開

授權部屬工作的標準流程

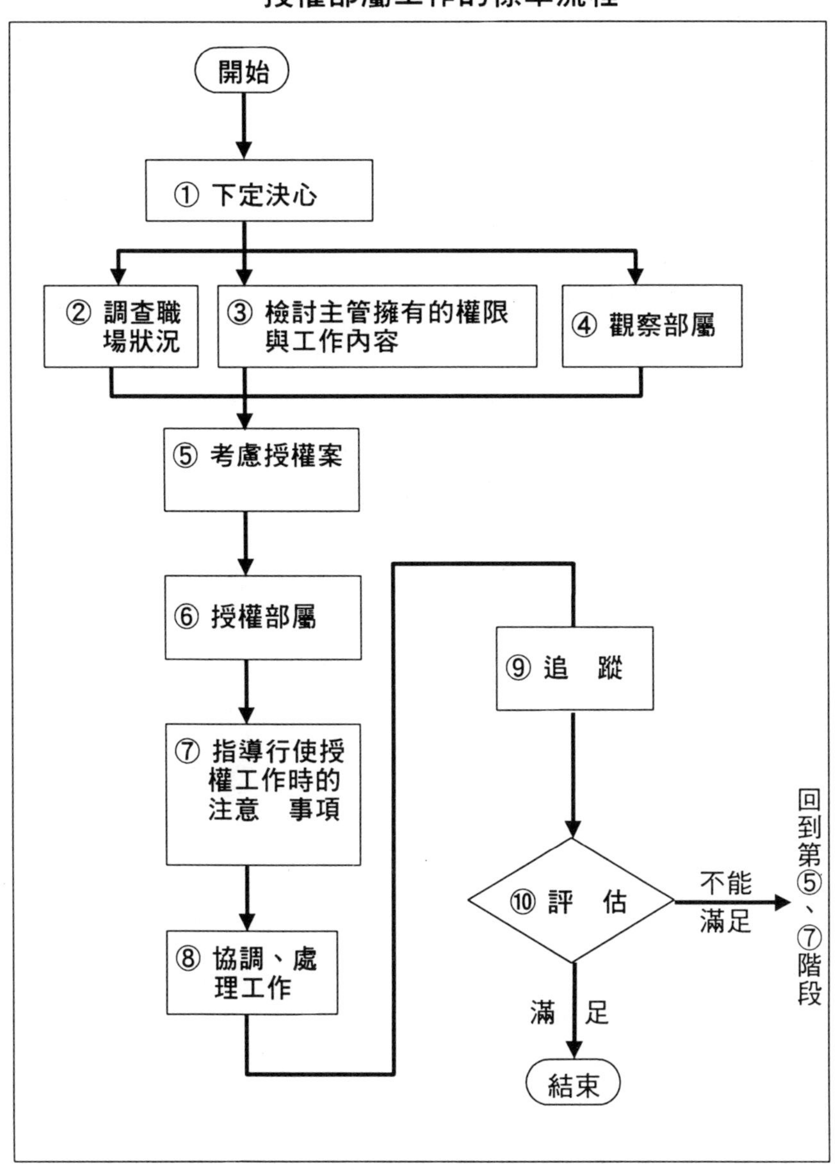

10 正確評估工作狀況

左圖整理出正確進行人事考核的流程。

①關於人事考核

(1)一般人對人事考核有何觀點？

多數主管認為人事考核就是每年一至二次、下報人事部門的特定作業。多數主管在每日的職場管理中，總對部屬能力程度、工作成果有所評估，事實上，我建議主管們不應將人事考核工作視為特殊作業，應改採日常職場管理的態度，處理人事考核的進行。

(2)只能以考核項目評估嗎？

某人或許是個高爾夫球、網球高手，或擅長美工等，但每家公司制定的人事考核表，都不會將這些專長視為考核項目。

(3)只能以考核標準評估嗎？

目前諸如考取國家資格考試者加十分，函授學校結業加三分，計測成績可採取相當彈性的方式。不過目前各大企業只依照公司制定的考核標準，計測員工能力，評估工作績效。

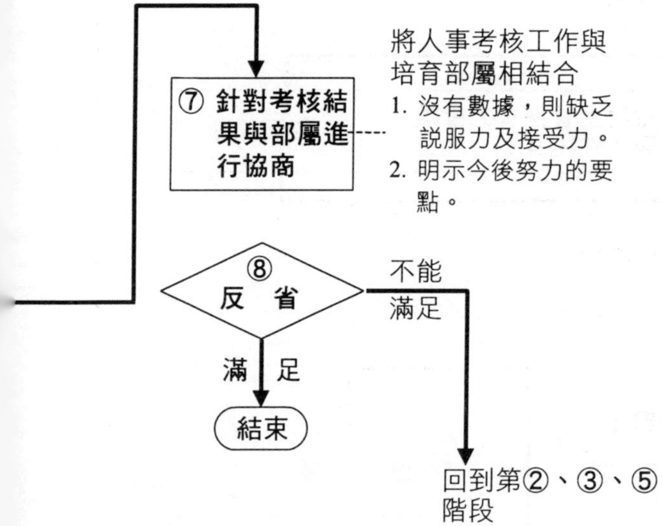

⑦針對考核結果與部屬進行協商

將人事考核工作與培育部屬相結合
1. 沒有數據，則缺乏説服力及接受力。
2. 明示今後努力的要點。

⑧反省

滿足 → 結束

不能滿足 → 回到第②、③、⑤階段

避免從事無謂的考核工作

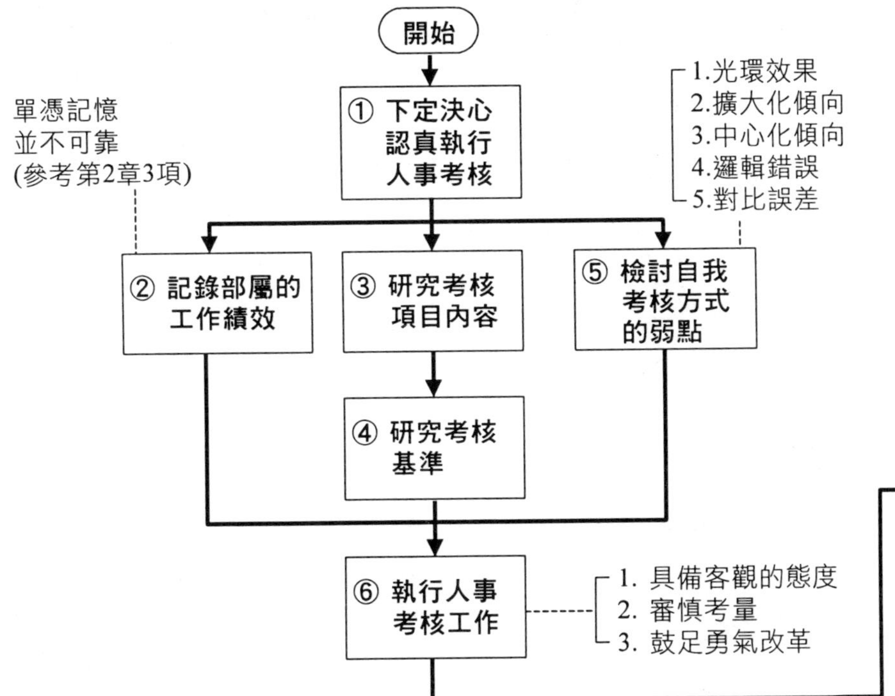

仔細研究企業人事考核表內容（考核項目與考核內容），才是正確實施人事考核的出發點。

②考核者的態度

(1)認真執行人事考核工作

對於不認真從事人事考核工作的主管而言，短期內並無明顯損失。認真執行人事考核工作的主管，則必須辛勤記錄部屬的工作績效，許多主管總以此為由，草草結束人事考核工作，致使考核能力始終未見長足進步。

(2)努力矯正常見錯誤

光環效果、擴大化傾向都是考核者常犯的錯誤，這是許多人都有的思考癖好，除非努力改進，否則將難以消除、矯正。

11 記錄業績

每個人都知道，記憶將隨時間經過逐漸淡化。因此單憑個人記憶進行人事考核，既不公正也不客觀。為使自己執行最公正的人事考核工作，主管平日就應詳實記錄部屬的工作績效。

以下提供工作績效記錄表的範本，供各位參考。

①行動的內容

「他的表現……」關於部屬的行動內容，應具體詳實記錄。並在記憶仍鮮明的狀態下填表，一般認為只要進行重點記錄即可，重點記錄表、執行人事考核的時間，多在六個月之後，因此，填表時應不厭其煩，詳細填寫。

②考核項目

所謂考核項目，是指決定以人事考核表中的哪幾項，作為記錄行動的重點內容。例如某些主管，以工作積極性做為考核主要標準。

③評　估

評估內容應以人事考核表為主，最好能直接轉用，如此可直接將記錄表內容評估列入人事考核，也將避免重複執行評估工作的缺失。

至於填表時機，仍以事發當時的「現場」記錄最理想。話雖如此，付諸實行卻話說「只記他人長處，是和平相處的不二法門」。但是……

’94/5～’94/11 工作績效記錄表

部屬姓名：山際有文　　　　記錄者：福島信夫

月／日	行動內容	考核項目	評價	特徵	指導內容	指導結果	摘要
6/10	佐藤自動加班至十一點鐘	協調性	1 2 ③	未曾抱怨、熱心助人	／	／	
6/30	遲到三十分鐘（六月份遲到共計三次）	規律性	① 2 3	全無反省跡象（大概認為遲到時數，以加班彌補即可）	6/30 我告誡他職業道德、辦公室規律性的重要	7/10 指導後3日左右似乎只「隔靴癢」，他依舊我我素，來我必嚴加管才行	給人「蠻不在乎」的感覺，必須狠下心來，嚴加管理。

有極大的困難。因此在事發當時，只做重點記錄，每週星期五則利用特定時間，將備忘的事實抄入記錄表中，是較為實際的作法。

記錄部屬的工作績效，有利於主管對部屬提供指導，更可因此落實部屬的工作績效記錄。

為進行公正的人事考核，每個人都贊成詳實記錄部屬工作績效的作法，但真正實踐的主管並不多，而這也是目前身為單位主管者，未來努力的目標。

12 消除工作煩惱與負面情緒

心理諮詢，簡言之就是面對面溝通（事主通常是職場中的部屬、新進員工），藉由雙方的對談，協助解決事主情緒上問題。

①對諮詢者應深具信心

心理顧問（也就是接受諮商者，多半是職場主管、上級員工、前輩、朋友等）通常是深受事主信賴者，他（她）才會與你商量。如何醞釀、維持與部屬間的信賴關係，平日付出的心力極為重要。

②情緒問題

情緒問題泛指感情上無法技巧應對的問題，並不是接獲申訴案等問題，才必須理性解決，心理顧問還必須具備良好的耐性。

③讓對方親身解決問題

基本上，心理顧問必須也是個解決自己問題的高手，這點可說是心理顧問必備的基本要素。心理顧問在指導對方時，不應採取直接告知對方：「你應該〇〇做……」而應在一旁指導，協助事主處理問題。

心理顧問通常是指上司協助部屬，解決對方無法處理的狀況，筆者特地整理出「上司常犯的三大錯誤」，供各位參考。

(1)將問題接手處理，未聽對方提出問題，即斷然提出忠告。

(2)未設身處地為對方著想，始終站在自我主觀立場思考，甚至認為對方的問題不值得一提。

(3)未聽對方說明一切，也未了解實際狀況，即大談自己的想法，甚至趁機說教。

從前的你，是否曾遭遇相同問題呢？

人在有生之年，都將煩惱無窮

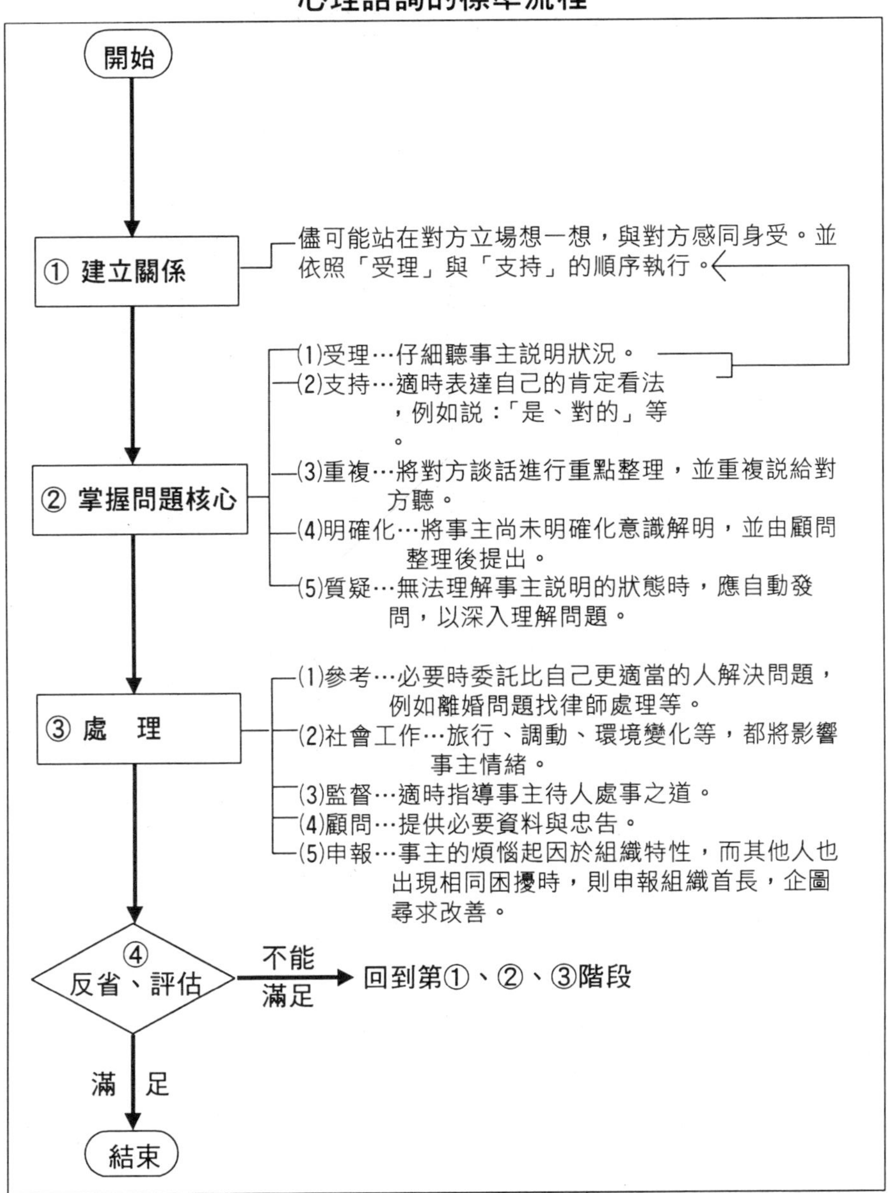

如何做到人人「適得其所」

最近的年輕人，被分派到自己不願做的工作時，總容易興起辭職的念頭，究竟如何才能知人善任、使人人適得其所呢？根據筆者本身的經驗，年輕時想做的工作很多，不想做的工作也不少。對於各個工作的觀點，總是由自己本身具備的相關知識、個性與工作獲得自我評價的結果，來決定對工作的喜惡。

多數的上司在得知部屬的想法時，也會採取「讓他（她）如願以償」的作法。身為指導者，抱持這類態度是否正確？

俗話說：「情人眼裏出西施」，對於自己有把握、有信心的工作，總是一廂情願的看好工作績效。

相反的，對於不看好的工作，既未具備充分相關知識，再加上相關經驗缺乏，對工作本身的信賴度也大幅降低。

放任部屬先入為主的觀念，未適時糾正對方，這樣的主管可說毫無存在價值。此時，應先由自己的經驗，客觀檢討年輕人的想法，並提出建議與勸告，才是指導者應執行的任務。

例如，職棒各球隊選擇球員後，即交由教練指導，使球員發揮最佳實力。

身為指導者，應具備透視部屬性格的洞察力，以及磨練對方的培育力，洞察力與培育力可說是指導者必備的二大基本條件。

第三章 使職場生氣蓬勃的經營管理

1 使職場工作內容明確化

經辦任何工作，都有執行該工作必備的能力要件，一旦發現欠缺某項能力，經辦者多半會主動尋求能力提升。即使分派的工作自己並不擅長，也會因動機、理由充分，而獲得經辦者的接納。

為求職務內容明確化，是否達成如下項目顯得格外重要。

①評估職務重要度。
②估計組織所需成員的質與量。
③有效開發組織成員的能力。
④改善組織效率。
⑤改善進行職務分析後，不理想的部分。

實際推展職務分析，多半依照如下順序：

①明確了解目前職場成員經辦的業務內容與執行條件

這些工作必須透過與經辦者直接面談，或觀察對方的工作態度，再進行分析。

此時也應充分理解業務困難度、重要度、執行條件，以及與其他業務的異同程度。

②親自進行檢討

整理前階段的調查內容，正誤與否、有無缺失等。

③獲得主管的採納

主管熟知職場內與其他業務狀態，因而比經辦者更能客觀判斷業務困難度、重要度與執行條件。

④依下圖示，將職務內容作成職務記錄書

職務記錄書依左頁範本，以下列三項為重點記錄：

①職務概要（以解明特色的方式，簡潔記錄職務輪廓）。
②執行的業務（詳細填寫職務主要業務內容）。
③檢討業務執行條件（填寫達成業務必備的相關知識、經驗、技能等）以職務記錄書作

我沒有想到就職之後，還被公司要求增進作文能力

明記職務重點

<table>
<tr><th colspan="4">明記職務重點</th></tr>
<tr><td>職務名稱
隸屬
職務人員</td><td>基層會計職務、
會計部、會計課
6名</td><td>製作年月日
製作者
承認者</td><td>1995年1月16日
山際有文
福島信夫</td></tr>
<tr><td>職務的概要</td><td colspan="3">在會計股長的監督下，進行會計傳票的檢查與加工，並將預算、決算等輸入電腦的輔助業務。</td></tr>
<tr><td>執行業務</td><td colspan="3">1. 預算、決算的輔助業務
遵從上司的指示，進行統計、核算調整預算或決算，同時計算分配費用。
2.
3.</td></tr>
<tr><td>業務執行條件</td><td colspan="3">1. 知識
(1)除了須具備高中畢業的一般學識，還須具備高職程度的複式簿記知識。
(2)必須具備本公司主要產品的製造工程概要，以及成本結構、銷售批價等知識。
2.
3.</td></tr>
</table>

成職務分析。

主管與上級員工雖然必須肩負職務分析的工作，但他們也有遭遇工作障礙之時，也會無法解明執行條件，確實寫出自己的弱點，在寫職務記錄時，也有不夠具體、確實等問題。

今後，精簡人事費用已成趨勢，薪資同時也成為職務最重要的環節，在這樣的趨勢下，主管與上級員工更應嚴加要求部屬，使職務執行條件的明確化，並努力執行早期工作能力培育、落實職務條件等。

身為主管，務必學會職務分析法，以跟上時代潮流。

2 每個人經辦的工作內容與工作量

觀察內容包括○○做同一份工作多久，工作量最大的是××，仔細觀察，不難發現其中的弊病。工作分配應採取漸進式手法改善，關於工作品質的檢討，在前一章節中已說明，接著來談談探討計測工作量的方式。

承認者：會計課長　福島信夫

姓名 掛田八重子		**摘　要**
職稱	**一週時間**	
統計各工程收付金額，並計算出工程中的劣質比例	14	

工作量的計測方式有很多，在此介紹最簡單易學的業務分配分析法。

①明示此次業務分配的目的與方針

改善職場成員工作量分配不均的狀況，或進行工作分配變更等，確立目標後，應使全員充分了解，進而配合協助調查，否則將造成調查精準度降低的結果。

②進行業務量調查

選擇工作格外忙碌的一週為標準，由職場成員記錄一週處理的工作名稱，以及完成工作所需花費的時間，並提出具體報告。

③整理調查結果

至第②為止，都是成員自己申報的資料，此一階段應檢視數據資料的可靠度，可由工作經驗豐富或工作熟練度高的員工或主管，開會檢討、審核數據資料，每半年反覆調查乙次最理想。接著將核對後的數據，整理成

是否因為工作繁忙，造成「見林不見樹」的缺失

業務分配表

現狀

會計課成本計算股　　　　調查 1995 年 2 月 6 日～10 日

業　務	一週時間	**姓名** 郡山貞夫		**姓名** 白河二郎		**姓名** 伊達三郎	
		職稱 成本計算股長	**一週時間**	**職稱**	**一週時間**	**職稱**	**一週時間**
1.製作工程別成本表	50	檢查工程別成本表、總括累計	9	製作鑄造工程成本表	12	製作機械加工工程成本表	15
2.							
3.							
4.							
合計							

職場整體業務現狀分配表（參看上表）。

④解決問題、協商改善對策

例如○○工作量大，加班次數多等問題，可透過平日的問題意識，與此次調查結果使問題明確化，在協商改善對策時，應與該部屬參與討論。

⑤整理出改善業務分配表

將前階段的討論結果，整理成改善業務分配表（形式同上表）。並向全員說明內容、特徵、意圖、注意事項等，接著根據改善業務分配表，執行改善業務分配工作。

3 相互了解對方

每個人都自認為相當了解自己，但每個人又多少都有被人指出惡習的經驗，有些惡習更是自己毫不自知的，可見每個人對自己都有相當了解的部分，以及無法充分了解的部分。

以自己本身的觀點看待自己，配合他人的觀點為基礎，可做成如左的圖表。是否覺得這個圖表似曾相識。

事實上，在各領導統御書籍，和各種經營管理書籍中，都曾出現過相關圖表說明。沒錯，這就是著名的「約瀚里之窗」，以下說明其中要點。

①自己已知的領域，和他人所知的領域

試著回憶在人事調動中，分派至自己職務的人員，回想雙方相處的情形。

初相識的人，在對彼此所知不多時，多半會表現出自己最好的一面，雙方也因此建立起一個形式化的表面關係。

在這層關係之外，總在提及自己的經歷、出身之後，雙方逐漸熱絡起來，久而久之自然建立起一份情感。最後則和原本共事的同事一樣，雙方擁有一定默契，協助、共同執行工作。

②自己已知、他人未知的領域

例如，今天早上起床時，覺得肚子不舒服，卻未告知同事。有些人甚至為這種刻意隱瞞的行為，沾沾自喜。

有些人總讓人覺得：「○○的私生活似乎很複雜……」當事人似乎也從未多做解釋，這也就成為雙方關係的一個盲點。

③他人已知曉、本人卻毫不自知的情況

某些當事人從未發現的問題，會在他人無心的一句：「你真是個自私自利的人……」當中浮現，因為這領域的自己，對當事人本身相當陌生，此時可能讓兩人的關係陷入僵局。

④自己與他人都屬未知的領域

很多人都有事後回想的經驗，懊悔想著：

人類真是複雜的動物

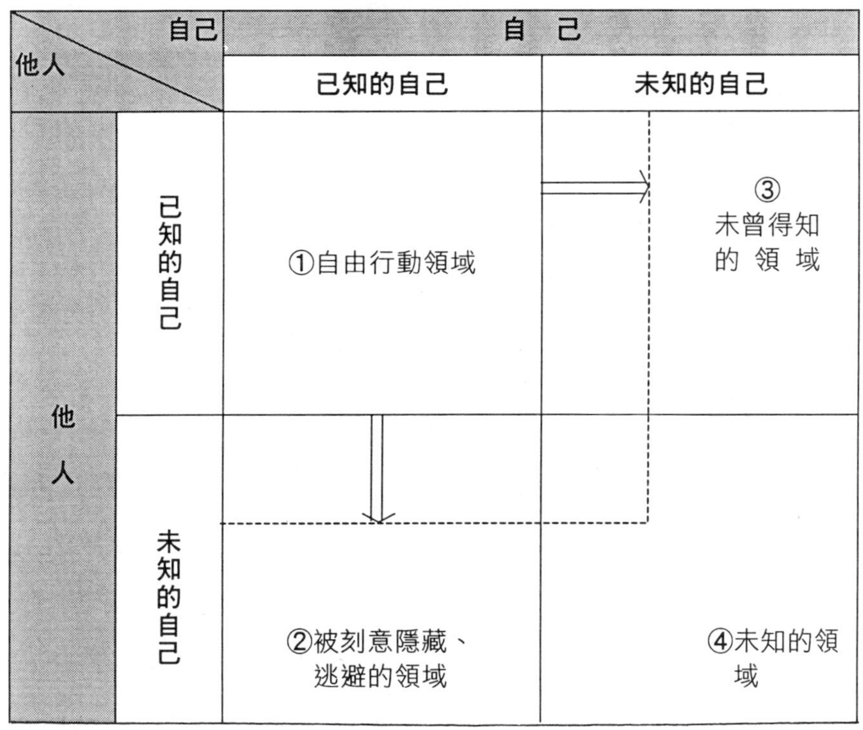

「當初怎麼會說出這樣的話！」即屬於這個全然未知的局面。

如前文中提及，在階段①的領域，無論自己或他人，都不受限於對方。

因此，努力擴充彼此的階段①領域，使職場各成員增進交流，進而改善團隊合作狀態。

4 提高職場團隊合作

團隊合作是每家企業都相當重視的部分，久而久之，「提升團隊合作」已成為一句口號，在每個人自認為熟知如何「提升團隊合作」的狀態下，似乎從未真的有人認真思考，應如何具體實行之。

根據筆者的經驗，多數職場成員每天打著「提升團隊合作」的口號，卻不了解哪些部分已經完成、哪些部分有待執行……無論企業本身對於這項觀點的支持程度為何？

職場中的每個人，都在語意不清的共通語言中遊走，無法做出明確判斷，自然無法具體提升團隊合作。

應執行的工作項目未明、努力的方向也未知，此時，不妨嘗試最原始的具體作法，以數據顯示目前狀況。

①團隊合作為主要對象

團隊合作狀態可由左圖表內容區分，綜合執行這些項目，即可達成基礎團隊合作狀態。但為避免綜合執行狀況，形成焦點模糊的局面，事前明定執行目標，是不可或缺的棘手任務。

②提升團隊合作狀態

③提升團隊合作的方法

④達成目標所需的時間

只要確立目標，即可測定、評估團隊合作努力的成果，明確得知現階段的執行狀態，即可得知下階段應付出的努力，也將更確實執行改善團隊合作的任務。

勿沈迷語言遊戲

你對於所屬職場的團隊合作程度滿意嗎？

項目	評 估	評估依據	改善或擴充對策	摘要
①團隊業績	達成目標×0.8 　達成目標　 達成目標×1.2			
②團隊整體士氣	很低　 尚可　 很高			
③成員之間的信賴感	很低　 尚可　 很高			
④成員之間的合作狀態	很差　 尚可　 很好			
⑤團隊歸屬意識	很弱　 尚可　 很強			
⑥成員之間的溝通	不活潑　 尚可　 很活潑			
⑦領導者與成員之間的信賴感	很低　 尚可　 很高			
⑧各成員的工作意願	很低　 尚可　 很高			
⑨各成員的能力水準	很低　 尚可　 很高			
⑩團隊活動統御性	強制規定　 尚可　 自律型			
⑪團隊成員對於團隊狀態的理解度	未充分理解　 差強人意　 充分理解			
⑫團隊內的意外處理	指定執行　 尚可　 完全自律			
⑬團隊整體合作狀態	很差　 尚可　 很好			

5 在經營管理週期中活用會議

例行會議、接洽會議、職場內的小組會議、部門會議……等，仔細算一算，每天召開的會議不計其數，再加上同時每次與會的人數眾多，也總是超出預定時間，各企業都為了會議付出龐大成本。會議中的決定事項，實行比例偏低，大家都心知肚明。

如何確實增強會議效率，可是今後上班族必備的條件之一。

使會議效率化進行的KNOW HOW，實行上絕無想像中困難，只要善用第一章中說明的經營管理週期，即可作成如下頁範本的重點整理。

①計劃階段

多數會議，主席從未訂立會議營運計劃，這同時也是會議無法效率化的主因。

因此，有心改善會議營運狀態者，必須格外留意計劃階段，先由慎選與會人員做起（避免使兩方針鋒相對者同時與會），在選定與會人員之後，可事先送出檢討主題資料，將更有助於會議效率化。

②實行階段

會議主席常犯的毛病，除了未事前規劃議程之外，有時主席也熱中討論議題，甚至爭議至偏離主題的細節部分。

此外，缺乏時間觀念，沒有在預定時間內結束會議的觀念，也是主席常見的缺失。

另一方面，在會議中簡明扼要發言，也是多數與會者缺乏的觀念。

③反省階段

說來遺憾，我從未見過會議結束後，自我反省的會議主席，因此，期盼主席發現會議營運應改善的部分，不啻是椽木求魚。

事實上，只要努力改善這些弊病，使職場會議效率化，將不再遙不可及。

今後不再優閒高唱「會議恰恰」

活用會議經營管理

①目標明確化
②選擇與會人員
③選定召開日期
④準備會議專用資料
⑤事前分發與會相關資料、確認與會人員出席
⑥主席做好事前準備
⑦主席排定會議記錄秘書

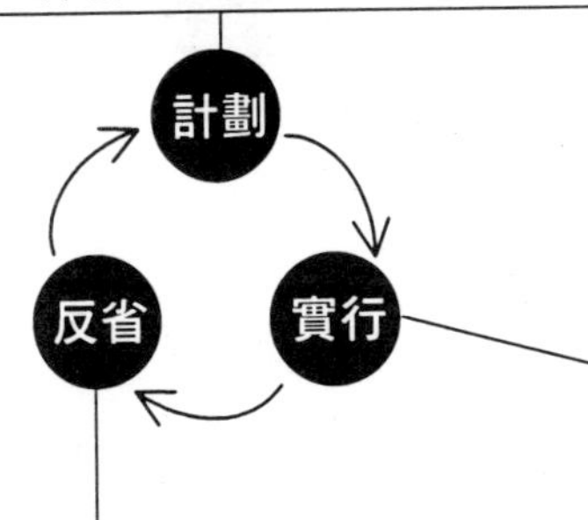

主席	成員
①確認出席率 ②傳遞會議目的、計劃 ③確認資料內容 ④鼓勵成員發言 ⑤規劃會議流程 ⑥選擇適當時機，公開主席想法，並藉此主導會議 ⑦儘可能使會議在預定時間內結束 ⑧成功扮演居中協調的角色 ⑨必要時作成會議記錄	①提出符合會議目的的發言 ②發言以簡潔明瞭為原則 ③發言內容有條不紊 ④積極發言 ⑤避免感情用事 ⑥追蹤討論議題大綱 ⑦積極輔助主席 ⑧不應遲到或中途離席 ⑨以前瞻性的心情與會（不可打瞌睡、或做其他工作）

①確定會議目的及會議討論達成度
②檢討未達成理由
③事前計劃、準備項目有無應改善的部分
④主席營運會議的方式，有無必須改善的部分
⑤與會人員的發言與行動，有無必須改善的部分
⑥其他，本次會議有無其他應改善的部分
⑦訂定下次會議主題

6 推進職場運動

進行整頓工作時，單獨行動不如職場整體行動有效率，同時也可收「集思廣益」之效。不僅可期待更具創意的構想，更可因團隊合作機會增加，促使職場成員相互交換意見，增加雙方溝通的機會，同時，這也將更有助於未來職場運動的推進。

在所有職場運動中，最富盛名的就是QC（Quality Control 品質管理）。這項運動，即是以本職場的工作為主，進行職場工作、製造成本、半成品品質的改善工作。

一般推動職場運動的標準流程，筆者歸納整理出左表範本，其中主要關鍵在於活動計劃，其中的缺失，筆者依照自身經驗，整理出如下重點：

- ●目標過高。
- ●目標不夠具體化。
- ●未設定中間目標，導致無法中途核對執行狀態。
- ●一般員工未參與計劃立案。
- ●未被告知計劃立案的背景，導致一般員工缺乏參與感。
- ●未明確訂定實施期限。

上述這些缺失，在推動職場運動時，都應極力避免，只要能依照流程、按部就班執行，必定能順利推動職場運動。

提及「職場運動」，總讓人心生距離感。事實上，只要如左圖表第一階段，由明示目標、活動計劃做起，一切都會更得心應手。

例如3S運動（全員努力整理、整頓、清潔）、綠洲運動（OASIS、O代表「你早！（日文）」、A代表 Thank you、S代表「對不起！」）。由切身問題做起，選擇過於遙不可及，對職場全員無切身影響的主題，將使職場運動失去長期持續的動力。

眾所皆知「團結就是力量」

推動職場運動的標準流程

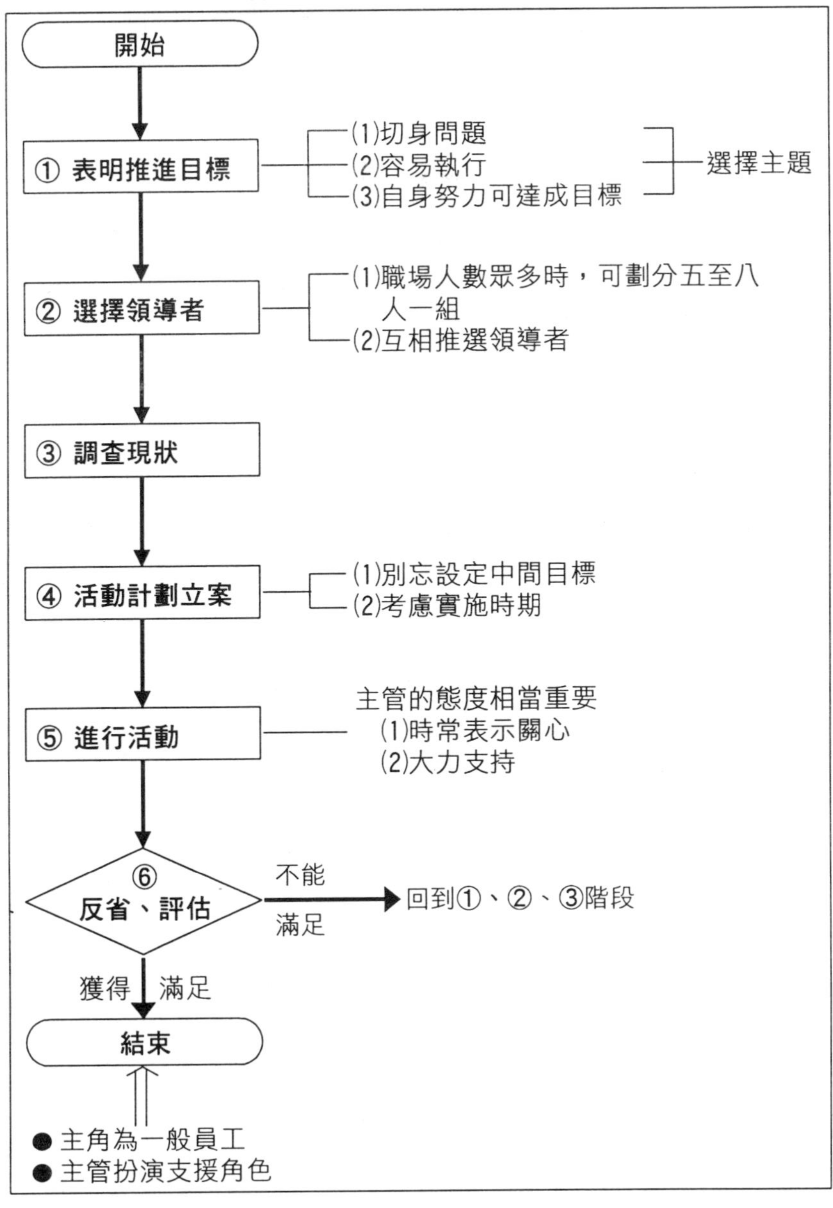

7 避免工作形式化

首先回答以下兩個問題。

問①　如果上司告訴你：「你最近的工作顯著形式化……」你會有何反應？

1　感到高興。

2　感到氣憤。

問②　仔細而具體回答問①的理由。

結果如何？問①的答案應該是2，多數人在被告知這類情況時，多半會直接辯解：「我並沒有使工作形式化！」

工作形式化真的是種缺失嗎？為求慎重起見，查查字典吧！

「形式化＝mannerism＝反覆執行固定作法，毫無新意」（摘自「新明解日文辭典」第三版、三省堂出版）。

回顧自己每天的工作，無論態度或動作，是否呈現機械化狀態。例如，這個月與上個月做相同工作，今天與昨天的工作內容完全相同……依循固定軌跡進行的工作，實在了無新意。

對工作的熟習狀態，是指反覆實施課本指定的作法，或依循上司指導的方式進行，根據辭典的解釋，這種狀態稱為工作形式化。

反覆執行相同工作，可使工作效率顯著提升，執行正確度也更高，可見形式化不全只有弊端，就某些特定狀況而言，反倒是理想狀態。

但就如同各位對於「形式化」一詞，多抱持負面看法，工作形式化的弊端確實不少。

為避免工作流於形式化，身為職場工作者，更應深入了解下列各點。

①工作形式化各有其優缺點，應如何劃分兩者的界限，就必須經由個人思考、判斷。（圖表①）

②想法保守（積極）、或改善意願弱（強）的人，總是想到形式化的優點（缺點），雙

一張紙有表裡兩面，相對形式化也有正負面影響

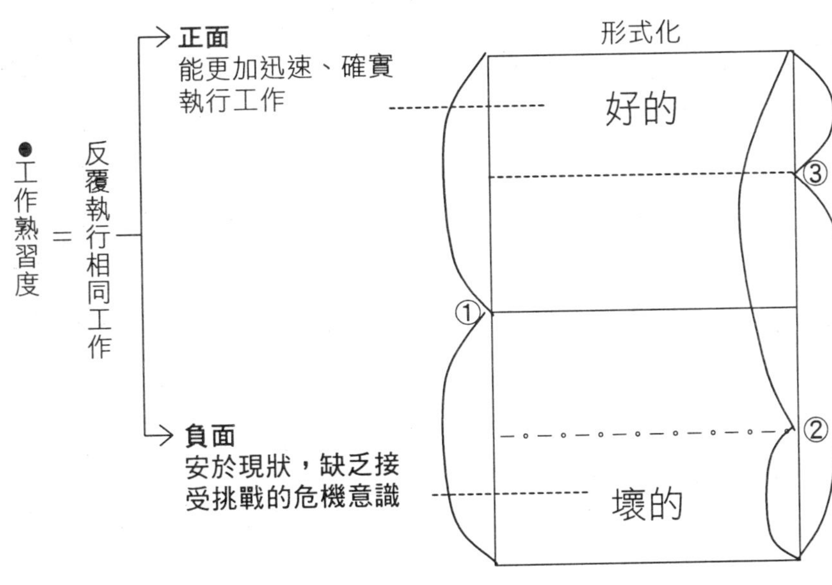

方各持不同看法（圖表②、③）。

③對於是否應消除工作形式化的現象，似乎永遠都是個爭議性話題，就工作熟習部分而言，這的確是個優點。相反的說，形式化卻是工作創意的頭號殺手。

如何使工作熟習度高，卻又不流於呆板的形式化，必須要有決心、有毅力地努力經營，才可能達到如此理想的境界。

此外，經常質疑：「這項作法有無應改善的部分？」擁有這類問題意識，也是推進工作改革的一大動力。

8 與你合作愉快的工作伙伴、交惡的伙伴

在同一職場中工作的同事，可由雙方的相處狀態，簡單區分為兩種類型。

有些人自己有些特殊默契，雙方總能合作愉快，有些則不然。初進入公司時，人事單位進行組織編制時，多半經由個人資料直接判斷，例如「〇〇適合××工作」或「□□部門需要多少員工」等編制法，一般稱為公式組織。

簡單的說，理性是公式組織的判斷基準，個人感情完全不在考慮標準內。

被這套公式組織基準編制的每個人，不只具備理性，同時也具備感情。因此個人好惡、或有相同嗜好者，往往自然形成一個小團體或夥伴，這類未曾以工作執行為考量的團體，則被稱為非公式組織。例如〇〇課有幾個麻將牌友，××股有個小型籃球隊等。

與相處融洽的夥伴共事有如下的優點：

- 心情開朗。
- 情緒穩定。
- 遭遇困難時，對方必會鼎力相助。
- 其他（可取得必須的支援）。

每個人應熟知職場中的工作夥伴，誰是屬於非公式組織、或公式組織，而在其中又扮演何種角色（例如誰是團體的領導者），如此在與對方相處融洽之餘，人際關係也更圓融，對於增進職場團隊合作也很有幫助。

假若非公式化組織，停留在不影響整體合作的程度下，只須掌握該組織的實況與動向即可。一旦發現非公式組織已超出應有的勢力範圍，形成派系之間的鬥爭，嚴重影響公式組織的活動，則有擬訂解散對策的必要。

為防止這類事態發生，平日就應掌握職場內公式組織與非公式組織的實況與動向，這同時也是執行經營工作的一大重點。

深入觀察許多事物，你將會有重大發現……

組織的多重構造

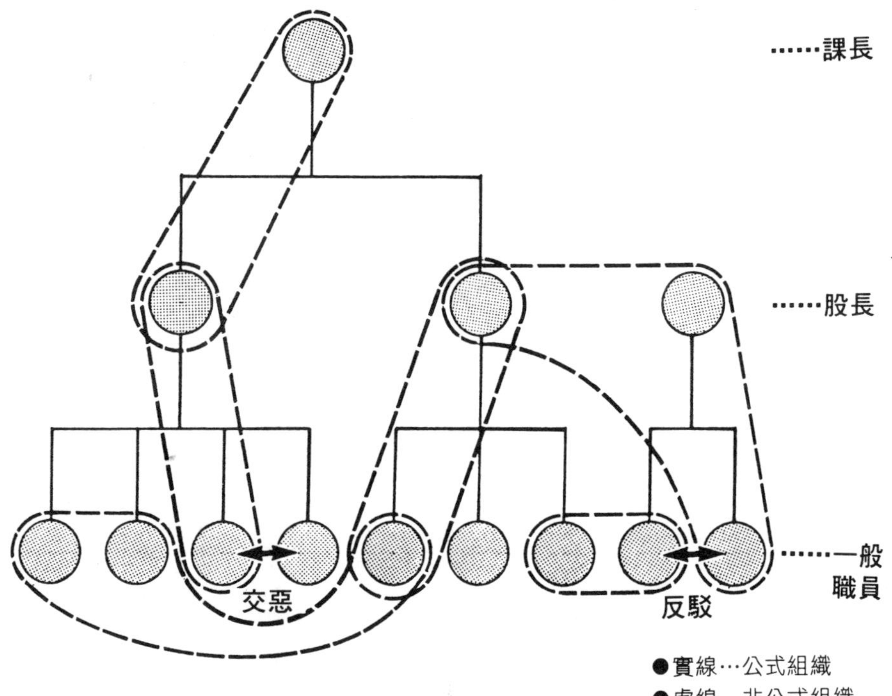

（非）公式組織的特徵

	公式組織	非公式組織
起　源	由人類意識設計的編制標準	自然形成
指導者	無關該組織、成員的態度、想法，以人事命令為分派標準	最適合領導團體者，受眾人擁戴、推崇
構成員	無關其他成員是否接納，同樣以人事命令為標準	獲得組織多數成員接納即可
目　的	以執行工作為目的（達成組織目標）	擁有共同興趣、增進感情
判斷基準	理性	感情

9 如何與交惡者改善人際關係

選擇一位在職場中與你相處融洽的人，也就是與你最合得來的人，試著想想對方的二、三項特色。

現在，再想想自己想出的各項特點中，優點居多或缺點居多。

我想多數人思考的結果，應是優點居多的人占大多數，事實上，這就是人性。

通常與自己投緣者，多半越看越順眼，無法相處融洽者則相反。

諸如這類與人相處的情緒，並非現代人的專利，我們的祖先似乎早有更深入的體驗，古語說：「情人眼裏出西施」或「憎恨和尚，連看了袈裟都生厭」，更是適切道出箇中訊息。

讓你打從心裡討厭的人，不僅期盼不要和對方有工作上的接觸，即使是談話，也都「話不投機半句多」。假若因為工作需要，仍必須試著與對方和平共處，此時，不妨試試如下的幾項作法：

①更改自己的想法

提到人際關係的含義，每個人就算無法百分之百說得正確，卻也都能借助自己的經驗，意識到什麼人能與自己相處融洽。

現在不妨「換個角度」來看，因為與自己「不投緣」的人，這是自己人性關係上的弱點，同時也顯示自己性格中缺乏的部分。為此，何不嘗試改變一下自己，去體驗自己「不投緣」的人，和平相處的感覺。

試著把對方想像成為人親切、體貼活潑，同時又熱心助人的完美人物，是最值得深交的朋友。

一旦產生感激之情，與對方改善關係的情緒將油然而生。

②退一步海闊天空

有些人與自己極度不投緣，卻又因為工作關係必須共事，此時，凡事敞開心胸，多站在

對個人評價因看法而異

這個圖形看起來像什麼？

○將中央左側的曲線看成鼻子，如同一個老太太的正側面 ＝ 發現對方的缺點時，就難以發現對方的優點，直覺對方是個討厭的人。

○將中央左側的曲線看成左頰，看似一位妙齡女子姣好的側臉 ＝ 專注於對方的優點，就難以發現對方的缺點，容易對對方產生強烈好感。

對方立場替對方想，即可維持圓融的工作人際關係。

③竭盡所能

如前述中提及，有些人真與自己「話不投機半句多」，其實每個人都希望世事盡如己願，對於不如意的事，就必須靠自己努力去克服。

如何「努力實行」呢？例如仔細找出對方的優點，見到對方時主動打招呼，邀對方同桌進食等。

即使付出這般努力，人際關係也無法一朝一夕改變，因此，除了付出心力之外，還須配合耐性實行，才可能獲得預期功效。

信賴感的基礎脆如薄紙？

究竟哪些人容易獲得自己信任？哪些人總是讓自己不放心？前者的答案，多半是守信用、事事精明的人；後者則完全相反。

進一步探討「遵守約定」，或「不守信用」的人，難道只遵守一次約定，就可獲得自己強烈的信賴；有些人累積了幾次爽約的行動，從此就被貼上不值得信賴的標籤。可見要贏得他人的信賴，必須步步為營，逐漸累積贏得他人信賴的行動，行動水準越高，相對地就獲得更大的信賴感。

可見要贏得他人的信賴，必須充滿幹勁，磨練工作實力，累積高水準的工作成績，必須投入長期持久的努力。

話雖如此，長久建立的信賴感，也可能瞬間失去。例如工作報告中，一個未經求證的消息，一旦發現與事實不符，原先辛苦建立的信賴感，會在瞬間消失。對方會想：

「你可能不只這次欺瞞我，之前是因為我太信任你了。」

這也是相當值得注意的一點，恢復失去的信賴感，要比建立信賴感更加困難，必須付出更多努力。

在公司裡執行各種工作，都必須全力以赴，在各部門中的工作人員，對你的信賴感越強，對於日後執行工作就更加容易，正如前文中一再強調，經營管理的基礎，即建立在他人的信賴感之上。

第四章

活用資訊降低成本的經營管理

1 加強數字觀念，可藉由數據協助判斷

每個人提及自己的工作進度，多半只存有「按上司預定的計劃進行」或「看起來不錯」等模糊的概念。

類似這種情況未明的狀態，常可能發生「雞同鴨講」的意外結果，在無法準確掌握實際狀態的情形下，自然無法做出最準確的判斷。

試著這麼做，例如：

「較交貨期晚三天」。

或是「已經達成目標的百分之九十五……」這種作法能使人一目了然。

能否成功獲得經營管理能力，取決於是否具備數字觀念，與由數字進行判斷的能力。

以下介紹的案例，是我擔任某企業經營顧問時，為該企業主管擬訂的重要事項，這同時也是上班族應記憶的基本數據範本。

這些事項中的數字，都是應記住的企業基本數字，我稱之為二十項基本數據（Essential 20）。

由於各企業都各有不同須求，因此這二十個數據僅供參考，建議各位依自我須求，擬訂屬於自己的「Essential 20」。

記憶基本數據的用意，在於培養個人思考判斷及計數感覺，逐步建立科學管理的基礎，才可進一步培育經營能力。

例如有人每次開會，都比預定時間延遲一小時，甚至絲毫不以為意地說：「這次會議較預定延遲。」這類情形想必你我都很熟悉，如果雙方立場對調，你或其他人是否也贊同這樣的作法？如果腦中已有開會鐘點費數據，以及會議出席者的平均收入，即可概算出會議出席者的一小時鐘點費（這同時也是該次會議的成本支柱），也同時得知延長一小時的會議成本。

此外，還可檢討延長會議，究竟是否產生

Essentical 20
——上班族應記憶企業相關數字二十項——

由數字概念加以判斷，即為科學管理的基本

值得追加成本效應附加價值，事實上，延長一小時的會議，所應追加的成本高得驚人。

對於未記憶基本數據的人，這些工作毫無意義，同時也很難發現即使真有心檢討，也因缺乏具體數據資料而作罷。

平日即應具備計數感覺與問題意識，在長期從事的工作中，自會培養出預期的經營管理能力。

2 上班族應為企業賺進月薪三倍的利潤

多數上班族對自己的收入高度關注，對企業每年收入的利潤，卻顯得漠不關心，現在我們談談勞動帶給企業的利潤與資金之間的關係。

企業雇用員工的目的只有一個，就是創造更高的利潤。因而員工盡力為公司爭取利益，是極其當然之事。每位從業員應為企業創造多少利潤呢？藉由左頁的算式，可計算出一般標準約為現金薪水的三倍。

①應獲利的部分屬附加價值

應取得的利益是現今薪資的三倍，這數據並不代表應賺取的營業額，而是附加價值。營業額的計算方式，如左圖表所示，太郎應賺得現金薪資六倍的銷售額（假定附加價值率為五成）。

②必須確定每月均達到標準

每位從業員都可按月支領薪資，就企業經營立場而言，這是每月必須支付的人事費用。因此，員工理應被要求固定賺取薪資三倍左右的利潤。

③企業福利越佳，就更應努力賺取更高金額的利潤

關於福利福祉、退休金、教育訓練等部分越落實，企業所應支付的人事費用就更龐大，所以企業福利越佳，就更應努力賺取更高金額的利潤，這是極其當然之事，多數上班族對於這點卻少有認知。

「上班族應賺取薪資三倍左右的利潤……」這是由先人經驗累積而成的經驗守則。

如左圖表計算出附加價值勞動分配率（參照第五章），每位上班族應確實賺取薪資三倍以上的附加價值，才算是盡忠職守的員工，否則只是企業的累贅，早晚將名列「裁員名單」中（參看第七章）。

賺錢談何容易

應賺取的附加價值金額

1. 太郎先生的月薪…… c 元

2. 太郎先生應賺取的附加價值金額…… x 元

3.太郎先生所屬的企業附加價值勞動分配率……0.4

4.太郎先生企業月薪與人事費用（註 1 ）的比例（註 2 ）……1.2

可成立如下算式：

$$0.4x = 1.2c$$
$$\therefore x = 3c$$

（註 1) 建築業的製造費用中所謂的勞務費、經費中，多已包含人事費用，至於行銷費、一般管理費用則包括員工薪水、津貼，以及董事薪資（多已包含福利福祉費用、退休金、退職預備金、獎金給予準備金額）等合計額（「主要企業經營分析」日本銀行）

（註 2)「薪資共識」(中小企業廳編、1994 年版)、「中小企業經營指標（中小企業廳編、1995 年發行)、「主要企業經營分析」(日本銀行 1993 年會計年度）的製造業資料計算所得。

應確保之銷售額

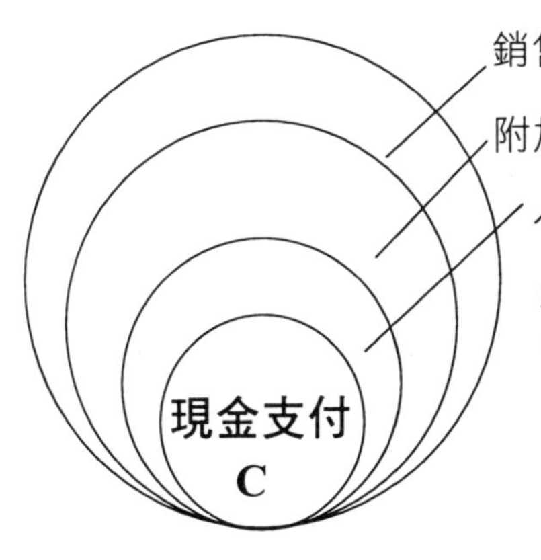

3 小處通融，常是日後鑄成大錯的主因

在紅綠燈等交通訊號前，不難發現有許多駕駛，眼見綠燈已轉黃燈，卻仍未照規定在停止線之前停止。更有甚者，則在黃燈時仍猛踩油門，這樣的作法與交通事故頻傳，似乎有很大的關係。

美國工程技師海因‧利西先生，在長期統計交通事故案件後，發現如下定律，也就是說，在每一次的重大交通事故中，都曾發生過相同原因的輕型事故二十九次，而小車禍隱藏的事故原因則多達三百次，這就是著名的海因‧利西定律。

如果將這項定律，套用在先前提及的案例，就可解釋為，在平均三百三十次的事故原因中，有二十九次會與左右方向的來車引發接觸事故，另有一次則可能引發重大傷亡車禍。

海因‧利西定律，同時也告知各位，在每日例行工作中，應格外留心下列事項：

①偷工減料與自以為是的小動作，遲早將釀成大禍

公司的業務狀況與交通事故相似，多數人開始工作之初，多會依照上司與前輩的指導，或參照書中指示執行工作。隨著工作的熟練度與日俱增，有人開始出現「個人風格」式的作法；這情形就如同在駕訓班學開車，多數人最初總依照教練指示執行，開車熟練度增加後，每個人都有自己開車的特殊習慣或毛病。因此，主管或上級員工，在發現部屬工作執行中的小毛病時，不應心想：「那沒有什麼大不了的！」應適時提出警告，使之步入正軌。

②自我主義的作風，常是招致企業成本增加的因素

海因‧利西定律，準確計算出不確實執行工作，每十一次即可能造成一次失誤，嚴重時可能造成難以收拾的殘局。之後為使一切恢復正常，企業往往必須付出更多的材料與勞力，

古語說：「千丈之堤、潰於蟻穴……」

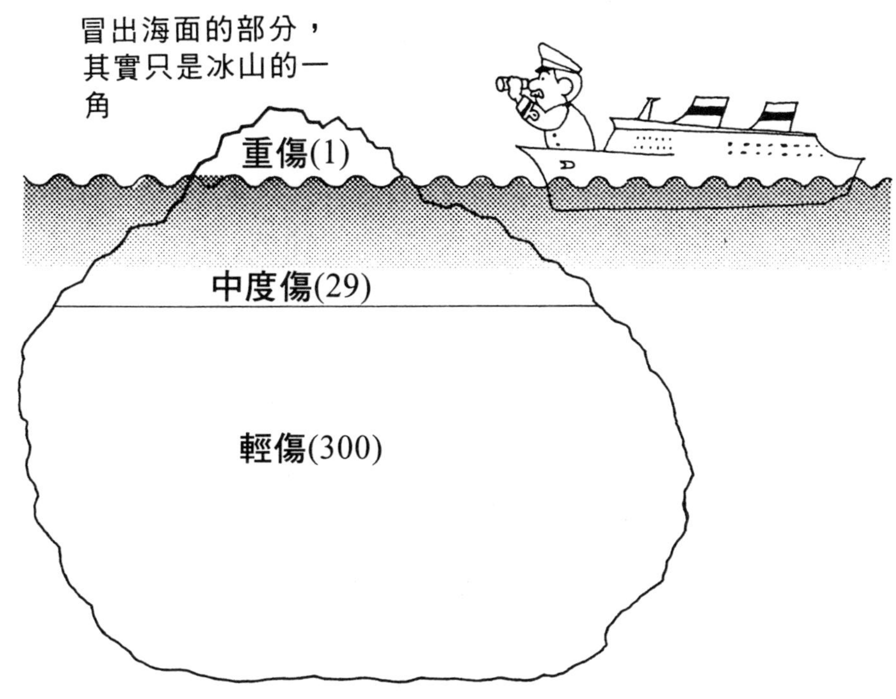

這同時也是企業成本增加的一種形態。

這同時也說明，過度自我主義的作法，每十一次即有一次增加企業成本的可能性。

類似這樣的企業成本增加，最初只要能以正確方式處理工作，即可順利避免，這是企業員工應有的認知。

根據筆者的經驗，不知海因．利西定律者可能不在多數，具備正確執行工作意識形態的企業員工，更是少之又少。在目前各大企業紛紛提出降低成本、加強企業體質方案的同時，應先由努力執行企業經營管理工作，正確執行工作等小處做起。

4 意外的發生，均事出有因

任何事故、意外的發生，都必須將所有的工作流程重新做起，不僅增加成本，更有工作進度延誤等困擾。假若處理不當，導致客戶提出申訴，真是所謂「屋漏偏逢連夜雨」。

仔細調查事故的發生原因，就不難發現，所有事故的發生，都是齊備所有「條件」的狀態下，所應發生的狀況。這與車禍發生的原因，不外乎是車速太快，駕駛注意力不集中等，常讓人忍不住想說：

「這是三歲小孩都知道的事……」

事實上，這些看似微不足道的小事，常是日後鑄成大錯的要因。

左圖表整理出每日自我意識革新的重點，切記應反覆執行、貫徹指示，看似極其當然的基本動作，卻是日後成功的重要因素。

回顧現有的經驗，我們不難發現將意外或事故發生率以百分點計算，幾乎每個人都有一定的「肇事率」。現實生活中，某些人慣於為所欲為，不僅在生活中常見意外或事故的發生，工作上也是意外事件頻傳。

意外與事故總發生在自己身上時，應平心靜氣檢討自己性格上的缺失，設法謀求因應對策。可先鎖定單一目標，反覆執行或配搭可彌補此一缺失的同事處理工作，此時應先具備「安全完成任務，是執行任何工作優先考量的重點」的觀念，更能促使你耐心接受指導，直到能獨力執行工作無誤。

面對交通事故也是相同情況，如果一再出錯，即難將左圖表的基本對策付諸實行。

也許有人對於筆者的說明，心想：「這些我老早就知道了！」意識形態應日新又新，並以此貫徹工作，立下良好的根基。

許多事故條件總在不知不覺中齊備……

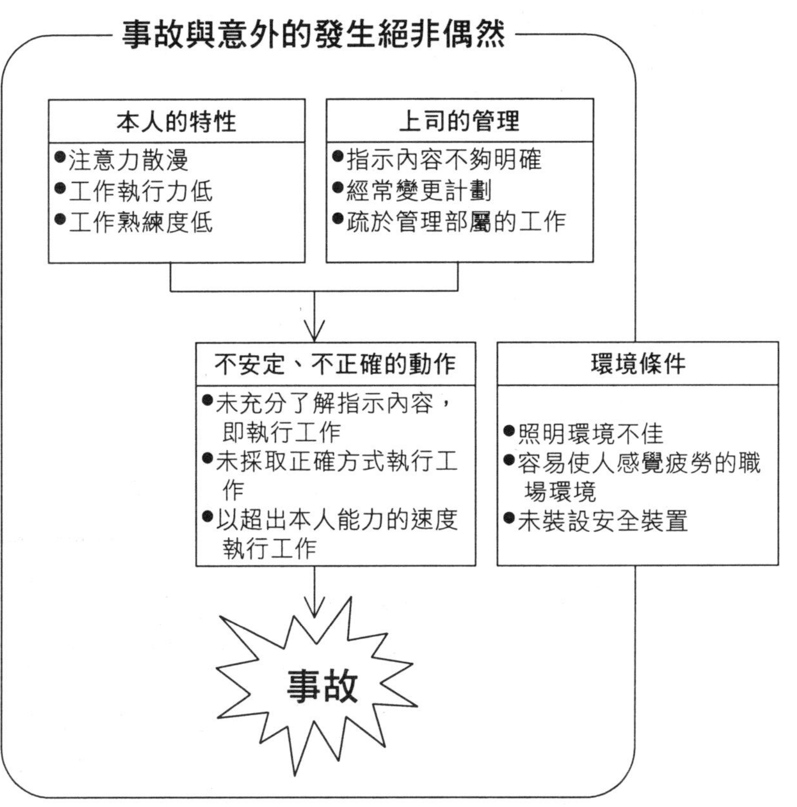

容易引起事故的性格類型

①工作態度馬虎	⑥武斷造成錯誤（理解力差）
②注意力渙散	⑦應用力不足（頑冥不化）
③個性輕率	⑧缺乏他人的關心建議
④缺乏集中力	⑨狀況掌握力弱
⑤反應遲緩（反射神經不靈敏）	⑩適應能力差

5 危機處理

「日本人總覺得水和安全是免費的……」

這是海外人士形容日本人常用的嘲諷話。隨著國際化的發展、社會的變化，生產者的賠償責任日趨受人關注，相對地，各企業也應具備「為確保安全，必須付出相當努力」的觀念。

因此，危機處理（Rick Manggement）已成為各企業必須正視的問題（危機處理：預測、縮減意料中的危險）。

雖說是危機處理，但具體情況往往因職場型態的多元化，而有所改變。假若以職場共通的主要順序整理，可列舉如下事項。

①主管確實執行管理工作，一般員工全力執行經辦業務

雖是老生常談，卻是職場危機處理的起點。

②確實執行教育訓練

教育訓練可分為兩大類。一是精確執行日常業務，並保有原來的教育訓練課程（與狹義的教育訓練同義），第二是實施安全、防災、危機管理的危機經營教育訓練。

③尋找 Fail Safe 對策

所謂 Fail Safe 是指人為作業不足引發意外，或機械故障仍可確保安全的機構。例如在車上裝設速限裝置，避免司機超速釀成意外。

④面臨危機的理想態度是早期發現、及早處理

任何人都不希望危機發生，事實上，只要確實執行①②③項，即可有效預防。善用左圖表的核對單，也可期待極佳的效果。

⑤改變對「安全」的看法

讓職場全體員工建立應有的「安全」觀念，並產生「職場安全、人人有責」的共識，再向全體員工說明因應對策的出發點。

危機處理由手邊做起……

居安思危卡片

年　月　日　　　　報告者：　　　　主管：

事項	檢討項目	內容	主管的見解
1. 事實	1.1. 事實為何 1.2. 在什麼行動中發生 1.3. 發生經過 1.4. 誰 1.5. 確切時間 1.6. 發生地點 1.7. 其他		
2. 狀況	2.1. 前日的狀況 2.2. 當日狀況 2.3. 事發前狀態 2.4. 其他		
3. 原因	3.1. 歸咎當事人 3.2. 與機械設備有關 3.3. 與工作狀況有關 3.4. 與職場狀況有關 3.5. 與上司有關 3.6. 其他		
4. 預料的災害程度	4.1. 重度（死亡、終生殘疾、損失金額在 100 萬以上） 4.2. 中度（傷者需停職一個月的傷害、損失金額在 30～100 萬之間） 4.3. 輕度（沒有人必需因此停職、損失金額在 30 萬以下） 4.4. 其他		
5. 預測的發生頻率	5.1. 頻繁（例如每週一次） 5.2. 經常（例如每月一次） 5.3. 偶爾（例如每半年一次） 5.4. 其他		
6. 緊急程度	6.1. 必須立即產生對策 6.2. 緊急策略可暫時應付 6.3. 須有正式的改善策略 6.4. 其他		
7. 構思對策的預算費用	7.1. 超出 100 萬元 7.2. 30～100 萬元的程度 7.3. 未達 30 萬元 7.4. 其他		
8. 對策	8.1. 此次的對策 8.2. 終極策略 8.3. 其他		
9. 其他			
10. 安全單位負責人的意見			

（註）應配合各企業職場的情況，重估細節部分

6 修正對成本與成本降低的既有想法

①應具備的成本思考方式

許多歷史悠久的公司，將成本估計稱為「積算」。所謂的「積算」，是將材料費○○元、勞務費××元……等記錄下來，累積估計所需成本，再決定商品售價，這是經商最基本的想法。也就是說，「無論（市場價格）如何，製造商品前應確保所得利益，因此消費者必須依定價購買。」不少製造廠商都有這種以供應者為主的觀念，這類想法，在產品競爭力強時可成立，反之則不然。

相反的，也有一種作法是「以市場價格為主，制定降低成本的標準……」由原價形成成本的作法。這點可由最近各種削價競爭、傾銷（damping）戰況劇烈中得知，近年來逐漸趨向以市場價格形成原價的作法。由此可知，許多人對於成本原有的看法，也應有一百八十度的大轉變。

②對降低成本應具備的觀念

以企業期望的價格銷售，何以市場價格銷售所屬企業的商品，固然必須運用不同方式。

在行銷上，決定購買權仍在顧客，因此，無論企業營業部門如何努力，實際成效相當有限。

但在降低成本方面，則有賴企業

實施降低成本前，應將後向思考轉為前向思考

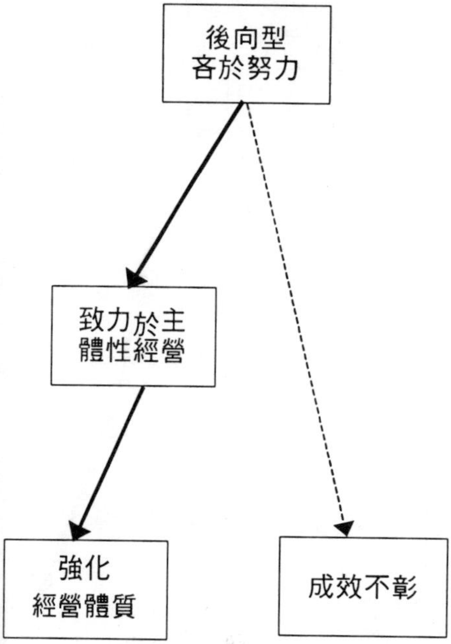

後向型
吝於努力
→ 致力於主體性經營 → 強化經營體質
⇢ 成效不彰

只要轉變既有的觀念，必會發現眼前豁然開朗

出發點由「應花費的成本」轉變為「所創造的成本」

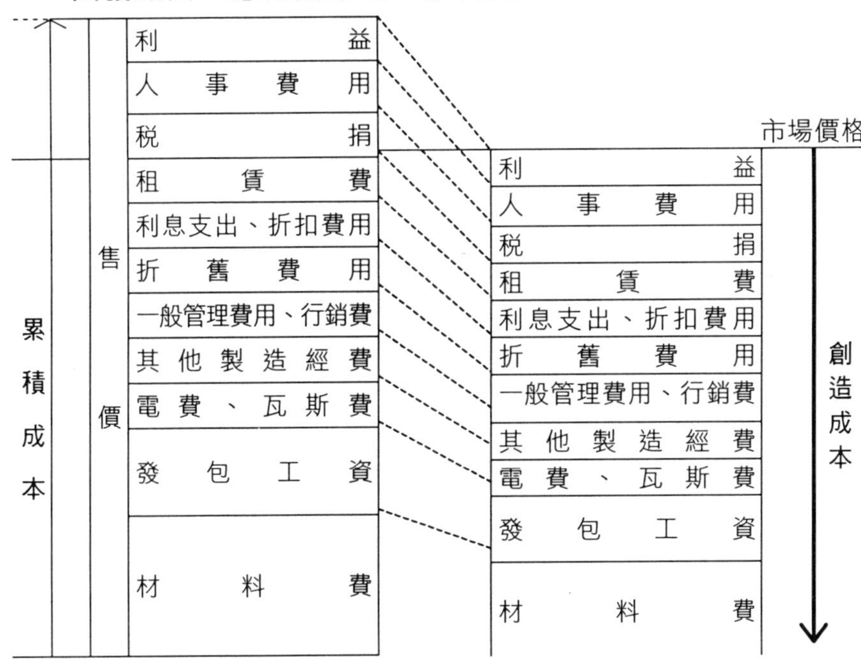

上下的努力。也就是說，在行銷方面，付出努力的成果如何，取決於他人手中；但在降低成本面，企業卻可能自己主導狀況，試著藉由上圖表形式，改變對降低成本的看法。全力以赴，確實著手降低成本的工作，所獲得的成效，應比預期狀態佳。

許多人對於降低成本的觀念，始終無法轉變。總是在企業產品滯銷時，才開始轉變對成本的構想。事實上，多數員工對降低成本的觀念，仍停滯不前，導致降低成本功效不彰，也是可預期的情況。

7 各項成本簡介

工廠運作時，必須付出材料費、電費等，同樣的，我們也希望能以最低費用達成工作，如此必須重估如下各項成本。

①材料費、勞務費、經費

任何成本均可區分如下三種，因此又稱成本三要素。

②直接費用、間接費用

用於製造某產品、或用於製造某產品完成工作所需的成本，稱為直接費用，反之，則稱為間接費用。例如製造襯衫，布料是直接費用，假設此工廠不僅生產襯衫，也製作西褲，光熱費用即成為間接費用。在成本三要素中，都須再分類為直接費用與間接費用，最後總共可分為六種（參看左圖表⑴）。

③變動費用、固定費用

隨產品生產量與工作多寡，隨時增減的費用稱為變動費用。與產品生產量、工作多寡無關，必須支付的費用稱為固定費用（參看圖表⑵）。直接材料費是前者的例子，員工基本底薪則是後者的案例。

④售價分析

分析企業商品或企業服務銷售價格，如圖表⑶所示。多數人只注意銷售價格，以及可能賺得的利潤。事實上，利潤常隨成本狀態變動，因此，成本結構才是最應留意的部分。

上述各項，就是有關成本的基本須知。實際上，不要說是否能理解其中的來龍去脈，許多人連基本事項都不清楚。這也就是每次成本管理工作，難怪降低成本的進度總是不如理想，也無法預期般創造利潤。甚至若能在指導員工時多下功夫，也有大幅減低成本的可能性。

近年來，各大企業一再強調實行事業革新的重要性。結果正如三菱重工企業呼籲員工「不斷降低成本，即是事業革新……」在企業整體的努力之下，終於獲得豐碩的成果。

嘴上常掛著成本控制的口號，當心最後只演變成「減少操作」

雖然通稱為成本，實際種類卻相當繁多

⑴成本與分類①

直接、間接 / 3要素	直接費	間接費
材料費	直接材料費	間接材料費
勞務費	直接勞務費	間接勞務費
經費	直接經費	間接經費

⑵成本與分類②

變動費
固定費

⑶分析售價內容

			銷售利潤	售價
		一般管理費用	總成本	
	間接製造費	製造成本		
直接費用	直接成本			
直接勞務費				
直接材料費				

8 探討整體成本狀況

任何事物都有必須留意的關鍵要點，在整體成本檢討面而言，只需管理重要成本項目，或在降低成本面多下工夫，如能針對上述兩大重點集中火力，必能很快達到預期功效。

身為新世代的上班族，最應記憶的成本數據，即為所屬企業產品概略成本分析。

以製造業為例，多半使用公刊資料，檢討、分析成本內容。

①總成本

根據統計，製造成本中的直接費用占整體花費的三分之二。由此可知，各企業應更重視製造面的直接成本，優先改善管理。

另一大重點，就是銷售、管理費用中的管理費。由於多半被納入總公司費用計算，而在日本企業總公司的組織普遍太過龐大，因此，企業管理費往往容易被人忽略，事實上，控制管理費的開銷，也是各企業應努力的重點之一。

②製造成本

企業三大成本開支，就是直接材料費、直接勞務費、發包工資。其中最受矚目，花費金額也最高的就是直接材料費，若能致力於直接材料費的重點管理，必能在降低成本面達到預期的功效。

另一注意事項，就是採購、技術、設計部門員工的成本意識。因為材料費用的主要範圍，取決於他們的成本意識與工作方式。

③銷售、管理費用

如左圖表所示，此一領域最重要的就是薪水津貼。日本企業對於薪水津貼原有的觀念太刻板。關於這點，想必會因主管職位退休制度，和年薪制度的引進，而更具彈性，可見薪水津貼並非完全不容改變的聖規。此外，改善工作環境，能減低加班率、強化企業體質，同時還符合縮短勞動時間的時代潮流，增加自己休閒娛樂的時間，何樂而不為。

你能想像工作竟需如此龐大的開銷

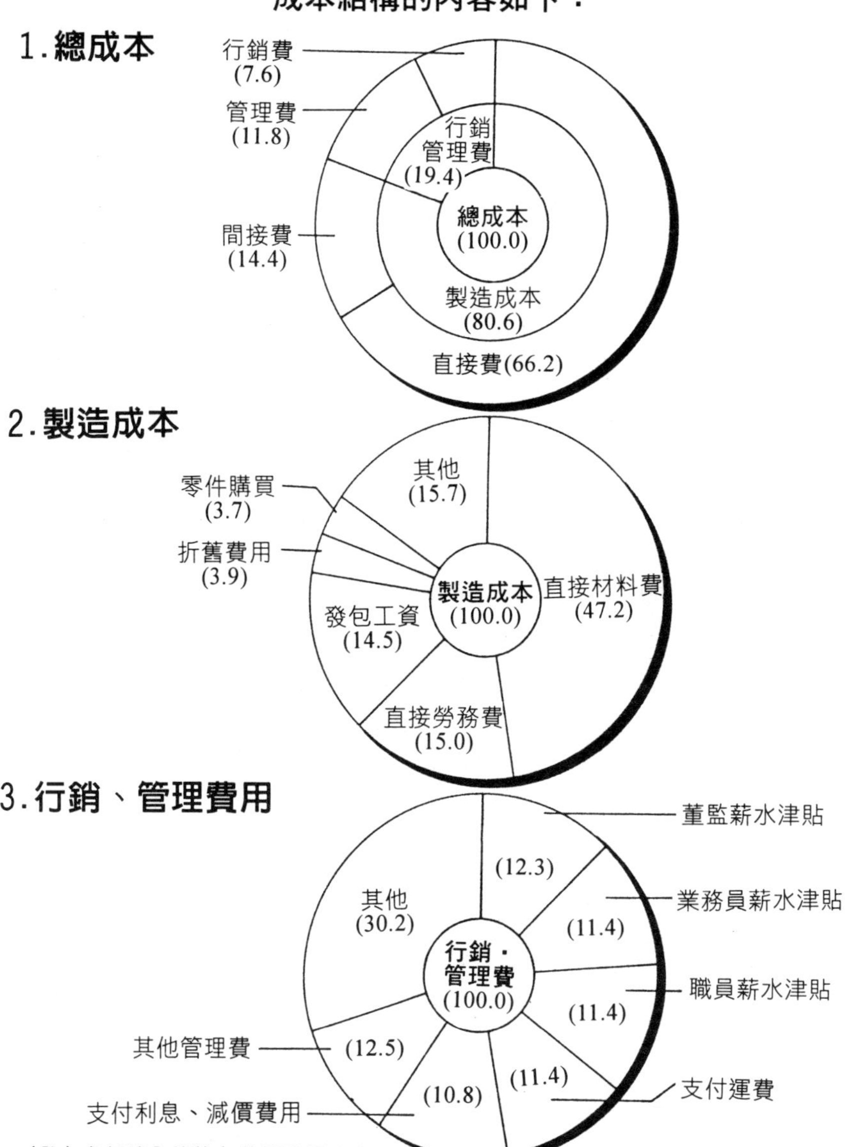

（註）各括號內的數字,均顯示百分率

（來源）「中小企業成本指標」（中小企業廳編制、1994 年發行）製造業總平均

9 各種成本降低法

提到降低成本，普遍性的想法就是午休時關閉職場電源，這是一種相當實際且理想的作法。

降低成本的努力，並非單一部門執行即可。還需要其他各部門的努力協助配合（這同時也意味所屬單位，也應配合其他單位降低成本的作法），這樣才能使降低成本的工作，執行得更加順利。

如左圖表所示，我們以某製造部門降低成本來舉例，可列舉降低成本的方法。結果出乎我們預料，其中有許多部分與其他部門息息相關。

圖表中應留意的一點，就是對支援降低成本基本觀念的建立，因為任何策略都必須職場主管與員工改善意識與意願的支持。

關於改善意願與工作意願，分別在本書的第四章與第二章中說明。

這裡所指的成本意識內容，包含如下兩點。首先，無論主管或一般員工，都是企業成本之一。

而成本就應該是「賺入薪水的三倍」，如果員工不能賺進薪水的三倍。就應視為加算成本（實際算法也如此）的性質成本。

接下來，認清企業內物品都是貸款的化身，因為無論是機械設備、產品材料，甚至是辦公桌、電話機，企業都必須按月付費，企業中才有這些物品的存在，我們不應任意使用。而且企業資金並非只是自己的資金，其中大多數是貸款得來。

先明確認識企業內物品與設備，都是貸款的化身，仍必須每天支付利息。

具備如上意識者，會更加珍惜企業內的設備與物品，刻意避免浪費，以達到降低成本的功效。

即使看似微不足道的小事，仍應全力以赴

降低成本必須企業與機能動員，展開整體性戰爭

在所屬職場中的努力	
①經辦人	改善工作能力，喚起、提升工作幹勁
②職場全體員工	加強團隊合作、相互學習
③重估工作管理的方式	檢討工作流程、負荷方式
④重估材料、物品管理方式	應重估材料、成品的管理、庫存方式
⑤有效運用資源	改善使用電源、氣體等使用方式
⑥重估材料設備的保養方式	重估保養方式、範圍、間隔等
⑦改善工作方式	重新評估現今的工作方式，修訂工作流程
⑧檢討產品與工作品質	現今要求的品質是否必要？有無要求品質過剩的問題
⑨治工具的改善	在使工作更簡便的治工具上求改善
⑩工作環境的改善	重估作業環境中的照明、噪音等
⑪推進機械化	節省電源、改善品質、推進機械化
⑫檢討工作與產品機能面	檢討工作機能，包含 VA（價值分析 VA=value analysis）等
⑬其他	

其他職場的努力、支援	
①營業部門	儘可能以容易製造的條件接單
②設計部門	設計簡化製造流程、低成本的產品，儘可能積極推動 VA
③採購部門	應以最佳時機、最低廉的價格購買材料，儘可能積極推動 VA
④發包部門	發掘、培育能滿足企業需求的業者，力行發包業務的管理
⑤運輸部門	改善資產與產品的庫存管理，以及包裝、運輸法
⑥財務部門	改善財務內容，重估利息、條件等
⑦部門支援工作	加強團隊合作，重估改善有關單位的維繫與協調
⑧其他	

①企業姿態
- (1)從今天起，有計劃推動降低成本的工作
- (2)如何體系化推動降低成本的工作
- (3)如何持續推動此一工作的熱情
- (4)推進規格化、標準化
- (5)推進組織效率化及其他

②主管、一般員工
- (1)成本意識
  - ①意識自己即為企業成本之一
  - ②了解企業內的資產都是貸款的化身
- (2)改善意識
  任何事都有改善的餘地
- (3)能力開發
- (4)持續改善的意願及其他

10 產品別成本分析

欲有效推進降低成本及促銷工作，首要工作就是正確掌握產品、職場與市場實況，再謀求符合各種特性的策略。

以下由產品利益分析，介紹比較方法。

①蒐集主要產品與銷售額內容，並計算出銷售額所占比例。

②準備座標圖用紙，縱軸為百分比成本與營業利益，橫軸為銷售額百分比刻度。

③按銷售額多寡，依序記錄各產品，再以虛線完成成本項目（參看左圖表）。

看看圖表，即可清楚看出各產品的成本結構，各項目面積代表成本項目金額多寡，如此可清楚得知降低成本的重點項目。

營業利益也是相同道理，由此可清楚得知應促銷的重點商品。

由圖表①，按各產品的營業利益計算主要成本，可得出圖表②的結果。

由圖表②中，可一眼得知金額多寡與順序。將圖表②說明如下：

①直接材料費

按產品B→A→C→D順序排列。

②直接勞務費

按產品A→B→C→D順序排列。

③零件費、補助材料費、發包工程費

按產品A→B→C→D順序排列。

④整體成本

所有成本依如下順序推進，實行降低成本的措施。

產品B的直接材料費→產品A的直接材料費→產品A的直接勞務費→產品C的直接材料費。

營業利益方面

產品A→B→C。

以右邊標示的順序，努力促銷為宜。

※ ※

執行任何工作之前，都應確認事實情況

主要產品的內容結構

①產品成本結構座標圖

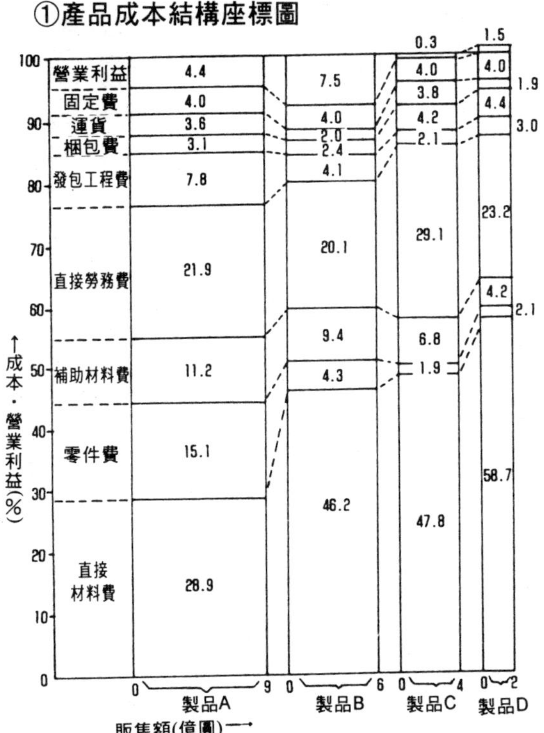

②產品成本結構比例

(單位：億圓)

利益、成本＼製品	A	B	C	D
營業利益	0.40	0.45	0.01	△0.03
發包工程費	0.70	0.25	0.08	0.06
直接勞務費	1.97	1.21	1.16	0.46
補助材料費	1.01	0.56	0.27	0.08
零件費	1.36	0.26	0.08	0.04
直接材料費	2.60	2.77	1.91	1.17

接著活用分析表，與其他計數情況相同，仔細理解戰略或經營者的理念，判讀此一分析數字為要。

例如產品D的營業利益呈負數，這個數字即告知我們，產品D應暫停促銷。

如果依據企業行銷戰略，有意將D培育成為主力商品，有時必須考慮將產品D放在促銷第一順位。

11 每個職場都應推行的價值分析（VA）

現在是個物產富足的時代，每個家庭幾乎都有物品過剩的情況。即使如此，每當特價活動時，仍可看見主婦們爭先恐後擁入百貨公司，真的不禁令人想問，為何她們對特價商品有如此的狂熱，原因只有一個，就是「便宜」。她們雖然對如下算式缺乏明確認識，但多年來的生活經驗累積，卻早已讓她們的腦海中，出現如左圖表①的算式。

所謂價值分析（Value Analysis：略稱VA）或價值工學（Value Engineering：略稱VE），就將圖①的算式擴充，用於計算產品的價值、想法與技法。VA與VE的推進標準過程，如左圖表②所示，以下是相關要點說明。

①檢討機能

在初步階段，應解明現有機能的必要性，並思索是否應加入其他機能。例如，西裝不只具備保溫機能，還有護衛身體，避免身體遭受外來侵害、滿足裝飾等心理機能。製造時只將重點著重於保溫機能，卻自認為掌握一切機能，則顯得考慮不周。

②選擇具大幅降低成本功效的機能

在初步階段解明的機能，通常並不只一項，必須眾多項機能提案中，選擇降低成本效果最佳的改善方案。

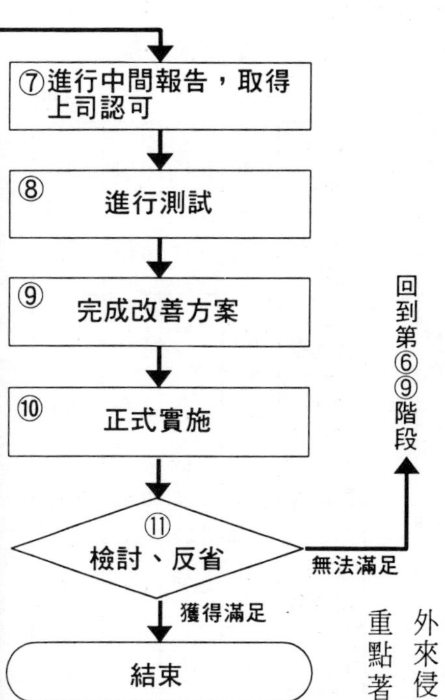

想法一旦改變，價值也將有所改變

價值分析法與推進方式

① VA 或 VE 的想法

$$\text{價值}=\frac{\text{機能}}{\text{費用}}=\frac{\text{品質}}{\text{費用}}$$

(1)機能與品質不變，費用越低、價值越大
（以襯衫為例，製造成本越低，價值越大）

(2)費用不變，機能越佳或品質更好，價值就越大
（製造成本相同，品質較佳的襯衫，自然較具價值）

②推進ＶＡ或ＶＥ的標準過程

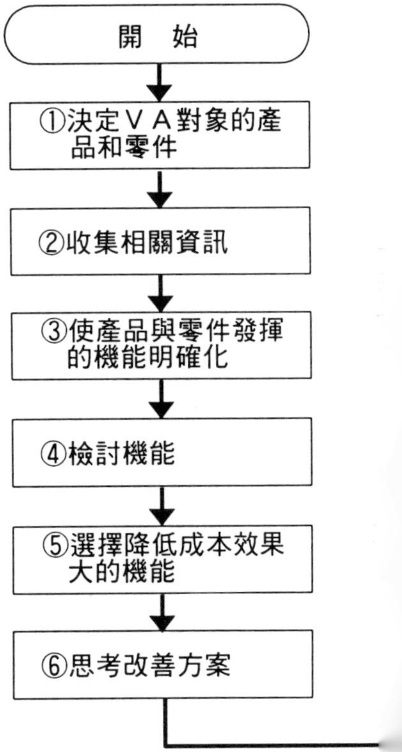

開　始
↓
①決定ＶＡ對象的產品和零件
↓
②收集相關資訊
↓
③使產品與零件發揮的機能明確化
↓
④檢討機能
↓
⑤選擇降低成本效果大的機能
↓
⑥思考改善方案

ＶＡ或ＶＥ選在設計、生產技術、採購部門實行，效果較佳。但在其他單位、職場等，若能藉由圖表①的算式，檢討機能、品質與費用的關係，也能取得相當成效，奉勸各位在所屬職場中，努力實踐ＶＡ。

在高級主管階層，多半將圖表①算式中的「品質」，解釋為自己工作品質，「費用」則解釋為完成工作的時間，如此更容易執行該職場的ＶＡ。

12 降低成本的工作必須永續經營

豐田汽車是致力實行改善成本結構的知名企業，他們持續不斷的努力，甚至被人喻為：「絞盡乾毛巾」的作法。

這類作法看似誇張，未免令我們這些旁觀者感到：「這麼做似乎有些矯枉過正。」

事實上，這種「絞盡乾毛巾」的作法，不僅一點也不誇張，反而應視為理所當然之事。

任何企業，只要各部門付出的費用與工作成果（也就是CF，作業評價效率＝Cost Performance）即可自然取得平衡（參看左圖表①）。

假定某部門致力降低成本，改善該單位的作業評價效率圖表②，其他部門也會學習先進部門的KNOW HOW，並配合自己的構想，推動改善技術與機械設備，形成新作業評價效率形態（參看圖表③）。

在進行降低成本的工作中，相對也能使員工能力、工作方式獲得進步，同時還能因團隊合作，提升職場水準。此時更能發現原先作法應改善之處，唯有如此，才能不斷為更上一層樓而努力。

可見降低成本，或改善工作效率，是必須永續經營的工作。

記得筆者在中學時代，曾努力練習打棒球，使自己達到應有的水準。上高中之後，則進一步發現更多應改善之處，同時配合專業教練的指導，即更進一步改善、提升水準。

至此都為部門間的關係進行說明，但在每一職場內，每個員工都背負著降低成本的重責大任，期望各位能努力經營，並長久持續下去。

自我預設立場，是執行時的最大阻礙

絞盡乾毛巾

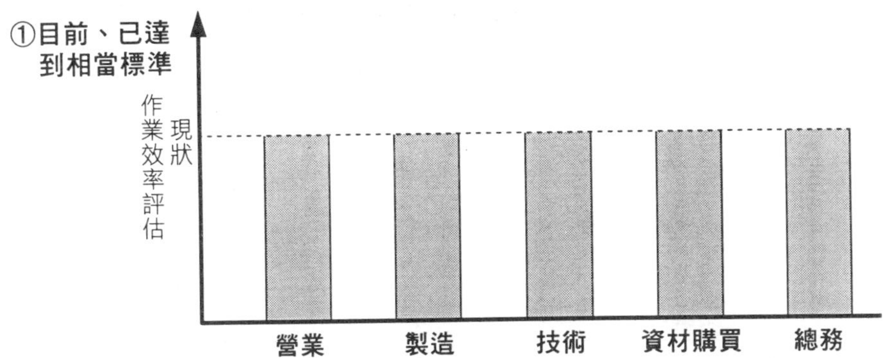

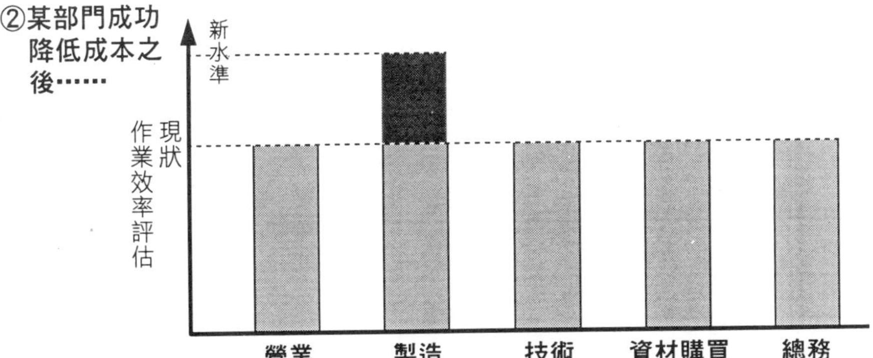

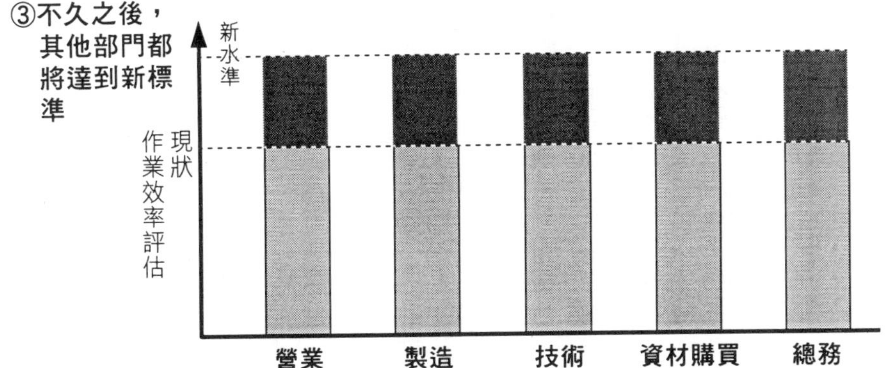

每個人都可能掌握你所需要的資訊消息

現在是所謂的資訊化時代，每個人都希望自己能時時掌握最佳資訊，才能佔盡優勢。

「資訊」可簡單分為公開資訊與非公開資訊。所謂公開資訊，包括報章、雜誌、資料庫、資料集等，都被視為公開資訊。這些資訊只要支付費用即可取得，在此一領域，每個人只須具備一般收集資訊消息的能力即可。

非公開資訊，即為某些特定人士掌握的秘密消息，越高級的秘密資訊，自然也由權力越高者掌握。既然是非公開資訊，就不只是支付費用即可獲得的資訊。

因此，在企業內外取得高級人脈，即為上班族獲得資訊力的要點。其中最具關鍵性的，就是企業之外的人脈。原因是企業內人脈，都有企業員工的共同背景，較難藉此獲得驚人內幕，所取得資訊也都大同小異。

每個人都知道，在茫茫人海中，知音難尋，獲得他人的信賴更是耗費心神，因而確保企業外的人脈，談何容易。即使好不容易穩定下來的人脈，也常因對方調職或人事異動而生變，可見人脈管理的困難度。

為此，應該投入更多精力，確保企業外的高級人脈，否則將難以獲得高級資訊消息。身為現代上班族，企業外人脈的質與量，將對未來的經營管理力量造成莫大的影響。

第五章 改善工作效率的經營管理

1 改善生產力，不只是製造現場的問題

所謂生產力，就是為完成某件工作必須付出的經營資源（人、物、錢財、資訊）與工作成果（產品、半成品、服務等）之間的比例（參看圖表①）。

比方製造部門努力改善生產力，但營業或其他部門的生產力偏低，企業生產力不見得就能獲得具體改善。因此，改善生產力成為整體部門的工作。有人認為「改善生產力是製造部門的工作，與高階主管單位無關……」，這點應格外注意。

如圖表②所示，生產力在該算式中，被冠上處理經營資源的名稱，例如資本生產力、勞動生產力等。除了屬於經營資源的人、物、財等，可囊括在內的不計其數。圖表中以資本、勞動、材料等計測，供各位參考。

計算生產力時，分子、分母的單位，隨著生產力的數值有所改變。嚴格說起來，生產力應劃分為物質資本（勞動、材料）生產力，以及價值資本（勞動、材料）生產力。如圖表②所示，物質生產力，無論是分子、分母都以噸等物理單位計算。

價值生產力的分子、分母，多以美金、日圓等貨幣單位計算。

有意運用、考量生產力者，應注意以下二點：

第一，要重視勞動生產力，因為職場中所有的員工，如何使用機械、材料等（也就是資本、材料生產力是否獲得改善、降低）將影響職場全體員工的工作效率。

第二，使考慮對象明確化，同時將資本生產力列入考量時，應由職場內多項機械設備中，選擇一項進行。

有意縮短勞動時間，又期待經濟水準得以維持或改善，就必須由改善職場生產力做起。

提及生產力計算，總讓人覺得艱澀難懂，事實上只須做簡單的除算工作

何謂生產力

①基本式

生產力＝生產／投入

②各種生產力

測試方法 計算式 種類		物質的生產力	價值的生產力
資本生產力	生產／投入資本	生產量（噸、公尺 部、個數等）／機械台數（或者，運轉時間數等）	生產額（日圓、美金等）／機械數有形固定資產
勞動生產力	生產／投入勞動	生產量（噸、公尺 部、個數等）／人數或作業時間	生產額（日圓、美金等）／人數或作業時數
材料生產力	生產／使用材料	生產量（噸、公尺 部、個數等）／使用材料量（噸、公尺 部、個數等）	生產額（日圓、美金等）／使用材料量或使用材料額

2 改善生產力

誠如前一章的說明，生產力其實是除算答案，為求進一步改善生產力，將分子與分母的關係整理成左圖表五種。

①採取適合現況的方法

提及改善生產力，多數人只會聯想到左圖表①或②的方法，這類作法固然是不錯的選擇，但其他的方式似乎更值得一試。

只要選擇適用現況的作法，即可坐收事半功倍之效。

②在避免增加勞動方面下工夫

如圖表①的情況，與上個月相同工作人數，卻又要增加生產量，此時若維持原有的工作方式，所有員工勢必都要加班。

至於圖表②，工作人數減少，卻須維持原有的工作量，所有員工仍須配合加班。

現在我們要做的事情，就是大玩數字遊戲，假定生產力獲得改善，事實則不然，你知道為什麼嗎？

所謂的改善生產力，應比原有的情況更進一步減輕勞動，卻又能維持原有的生產力。例如，改善工作方式、減少工作時數等，或進一步推進機械化，減低人手操作機會。

③組合各種對策

可能影響生產力的因素極多，以下即針對前項說明的資本生產力進行檢討。

首先，使分母數據的「機械運轉時數」維持最佳狀態（仔細保養、維修），並儘可能減少「機械空轉時間」（建立完整的工作計劃、按計劃處理工作）。

至於分子生產量，其中四大因素包括經辦者的技術優良；經辦者工作幹勁十足；加工過程簡易與否；機械故障率低等。

接著，將曾經臨危授命的因應對策，選出與改善生產力有關的部分，並組合其中各項重要因素，配合實施將更具效率。

運用小學生都會做的除算法，儘可能增大除算答案的數值，但是……

改善生產力

（例）5 名員工製造 10 噸的產品，改善職場的勞動生產力

勞動生產力＝$\frac{10\text{噸}}{5\text{人}}$＝2 噸／1 人（參看第五章第 1 項）

No.	分母		分子		生產力	
1	→	平行(註)（5人）	↗	增加（12噸）	↗	改善（平均每人2.4噸）
2	↘	減少（4人）	→	平行（10噸）	↗	改善（平均每人2.5噸）
3	↗	稍增（6人）	↗	大增（15噸）	↗	改善（平均每人2.5噸）
4	↘	大減（3人）	↘	稍減（9噸）	↗	改善（平均每人3.0噸）
5	↘	減少（4人）	↗	增加（12噸）	↗	改善（平均每人3.0噸）

(註) 括號內的數字，顯示運用前例的狀態

※　　　　　　　　※
諸如這類改善生產力、有效活用經營資源效率的工作，可說是實行經營管理的初步。

3 檢討高階主管的生產力

高階主管（主管職位、技術職位、事務職位）的生產力計算法，如左圖表①的算式，以投入與生產比例說明。

①投　入

什麼人應擔任哪項業務，又如何將個人工作緊密結合等，基本上是由經營者決定，而在此一工作的領域中，經營者也將肩負所有的責任。但在任何一個工作領域，應改善的方向往往因現況而異。

例如，目前該單位有人員分派過量的問題，導致組織過於複雜，就應及時考量裁員或精簡組織的措施；相反地，目前分派人員不足，幾乎與工作量不成比例，導致工作績效低落，就有增派人員、實施能力開發、強化工作陣容的必要。不過目前一提及高階主管的生產力，往往立即讓人聯想到有關裁員的問題，這種想法未免太過短視。

②生　產

在此一領域，則如圖表①所示，在工作責任方面，可分為自我責任與上司應負責的部分。首先，本人應擔負的責任，在第一階段中就應排除雜務，儘可能在辦公時間內，執行主管與技術者交辦的業務。第二階段是除了第一階段的任務之外，還應配合時間管理，開發改善決策力。第三階段除了開發改善決策力之外，還必須改善執行業務品質。這些部分均可在個人自覺的範圍內完成，因此，被視為自我責任的範圍。

上司肩負的責任，則包括給予部屬最適當的指導、排除執行障礙，使部屬的能力得以發揮（例如安排寧靜的執勤環境等）、培育部屬、提升團體工作動機等。

如以上二式所示，由不同的觀點歸納出高階主管對生產力的影響，其中各項改善要因，自然也成為高階主管生產力改善的重點。

目前已進入生產力至上的時代

高階主管的生產力內容

1 高階主管的生產力①

高階主管的生產力＝$\dfrac{\text{生產（自我責任範圍、上司責任範圍）}}{\text{投入（經營者責任範圍）}}$

2 高階主管的生產力②

高階主管的生產力＝｛(本人能力與意願)×（配備）×(上司管理法)｝×（組織體質）×（組織制度）

（註）｛ ｝內諸要素與高階主管的生產力關係密切

	本人能力、意願	裝備	上司管理法	組織的體質	組織制度
內容	1.能力程度 2.自我啟發意願程度 3.現今業務經辦滿足度 4.希望經辦的業務 5.對目前評估的肯定程度	支援個人能力發揮，所應擴增的各項裝備（例）給予每位員工使用個人電腦的工作環境	積極授與部屬權限、尊重部屬自主權，才是理想的管理方式	組織全體成員應在想法與行動上達成共識，由個別組織的基礎，即可窺知企業全體體質	1.組織結構適合與否 2.權限規制與各種規制的齊備程度 3.包含收集資訊等工作流程，以及各種制度是否齊備
改善方案	1.培育 向部屬明示應具備的態度，並將重心放在對方自我啟發的部分 2.引發動機 完整的人事考核制度，要比臨時起意的動機理想	兼顧個人要求與預算之間的平衡，同時謀求因應職場狀況的對策	以主管自我啟發為主體。高階主管除應對肩負培育部屬的責任有所認知，還須努力實踐、執行	與部屬多方溝通，使部屬對於組織體質與主管的理想有所了解，雙方也可藉此討論出最適當的方式，同時努力達成目標	1.改編組織 2.修訂、整頓規程類別 3.修訂、整頓各項制度

4 各項附加價值

現在以我們每天穿著的襯衫為例。襯衫製造廠商，必須負責採購布料、鈕扣、線等材料，再將材料製造後出售。

假定襯衫售價為一千元，布料與材料總計六百元，其中的四百元差價，就是讓企業賺得的利潤。

因為布料與材料未經製造前，只有六百元的價值，現在加上自己的技術，製成襯衫即可以一千元賣出。

假設該企業的技術高超，工作方式也高人一等，將材料成本降低至五百元，與售價之間的差額即擴大至五百元，反之，即得到利潤降低的結果。

由此可知，附加價值等於該企業技術與工作方式總和的結果，同時在計測該企業的經營努力成果時，附加價值已成為最顯著的綜合目標。

如左頁圖1表所示，附加價值的計算法，可粗分為扣除法與加算法。

所謂扣除法，就是將規定扣除的項目，由生產額或銷售額中扣除計算附加價值的方式。

採用這個方式，除了應扣除的項目之外，其餘均算入附加價值內，能換算出較高的附加價值，是此項算式的特徵。

加算法只能加入某些特定的項目計算，因此，計算所得的附加價值，可說是貨真價實。

現在說明計算附加價值時，應留意下列事項。

①決定計算方式

計算方法不同，所計算出的附加價值金額自然也不同，首先應由決定計算方式做起。

一旦決定計算法之後，所有的數據均由此一計算法計算。

因為經常變更計算法，往往造成附加價值金額改變，如此將如何進行檢討、比較附加價

附加價值比銷售額更值得注意

計算附加價值

1 附加價值的算式

①扣除法（註１）

加工額＝生產額－(直接材料費＋零件費＋發包加工費＋間接材料費)

②加算法（註２）

附加價值＝經常利益＋人事費用＋金融費用（利息、開支）＋租賃費＋稅捐

（註）1.(來源)「中小企業經營指標」(中小企業部編)

2.(來源)「主要企業經營分析」(日本銀行編)

2 銷售額、附加價值的構成項目

<table>
<tr><td>材料費</td><td rowspan="12">銷售額（生產額）</td><td rowspan="3"></td><td rowspan="6"></td></tr>
<tr><td>發包加工費</td></tr>
<tr><td>零件費</td></tr>
<tr><td>水電費、瓦斯費等</td><td rowspan="9">加工額（中小企業部方式）</td></tr>
<tr><td>其他製造經費</td></tr>
<tr><td>一般管理、銷售費</td></tr>
<tr><td>折舊費</td><td rowspan="6">附加價值（日本銀行方式）</td></tr>
<tr><td>利息開支、折扣費</td></tr>
<tr><td>租賃費</td></tr>
<tr><td>稅捐</td></tr>
<tr><td>人事費</td></tr>
<tr><td>經常利益</td></tr>
</table>

值金額的工作。

②採用相同的計算法與計算資料

參看資料應採用計算法規定的數據計算、統計，因為計算方法不同，計算出的附加價值金額也不同。

根據筆者的經驗，中小企業可採用「中小企業經營指標」（中小企業部編 扣除法），大型企業可採用「主要企業經營分析」（日本銀行編 加算法）。

此外，中小企業部將「附加價值」改稱「加工額」，這點須格外留意。

5 增大每位從業員的附加價值

Ａ企業僅有十名員工、Ｂ企業有一百名員工，兩者求得相同數據的附加價值，兩者的經營方式究竟孰優孰劣呢？

顯而易見，所有人將一致認同Ａ企業的經營方式。

由企業從業員人數與附加價值的比例，將可計算出附加價值勞動生產力，這同時也是企業經營的特殊指標。

如左圖表的算式計算，即可作成改善附加價值勞動生產力的四大要點。以下針對各要點進行說明。

①附加價值率

試著以一萬元銷售額，應取得多少附加價值計算。這項數據的重要性，就如同有人形容「漁貨滿船、口袋空空」。假設此一數據過小，即使再努力增大附加價值，所賺得的利潤也相當有限，所有的努力都只是白費心機而已。

最理想的作法，是以營業單位為中心，例如資訊、設計、製造部門相互合作，同心協力提升此一比例。中小企業部將此一數據改稱加工額比率。

②每位從業員的平均銷售額

關於這點，相信各位已不難發現，此一比率是越大越理想。

欲增加這項比率，企業全體部門同心協力最重要。除了研究開發單位與企劃部門必須緊密合作之外，製造部門應嚴守交貨期限。或可由研究開發單位與企劃部門提供市調結果，由企業整體部門協力達成目標。

③設備投資效率

以每一百萬元能取得的附加價值為指標。

如果只單純將資金投入，並不會產生附加價值，卻會導致資金、設備閒置。因此，事前判斷市場動向，再進行設備投資，是一大重要因素。

無論企業規模大小，這仍是每個從業員的重責大任

增大每名從業員附加的價值之四要點

$$\text{附加價值勞動生產力}=\frac{\text{附加價值額}}{\text{員工人數}}$$

$$=\underset{\text{(附加價值率)}}{\frac{\text{附加價值額}}{\text{銷售額}}}\times\underset{\text{(每名從業員銷售額)}}{\frac{\text{銷售額}}{\text{員工人數}}}$$

$$=\underset{\text{(設備投資效率)}}{\frac{\text{附加價值額}}{\text{設備投資額}}}\times\underset{\text{(勞動配備率)}}{\frac{\text{設備投資額}}{\text{員工人數}}}$$

最近的數據

企業 項目	大 企 業	中小企業
附加價值率 （加工高比率）	% 20.9	% 48.6
每名從業員的銷售額 （每名從業員的生產額）	千圓 59.165	千圓 21.994
設備投資效率 （機械投資效率）	71.24	4.4
勞動配備率 每名從業員的 機械配備率	千圓 17.331	千圓 2.441

來源：「主要企業經營分析」（日本銀行1993年編）製造業
「中小企業經營指標」（中小企業部編、1994年發行）製造業總平均

(註)（　）內數據由「中小企業經營指標」提供

④勞動配備率

與其單靠人工作業，不如改採機械作業，不僅工作效率佳，正確性也較大。同樣此一比例的數據也是越大越好。中小企業特將此一比例稱為每位從業員的機械裝備額。

※　※

由上述說明可得知，單由設計或某特定部門努力是不夠的，必須全體員工同心協力，才能達到增大附加價值的目標。

就經營管理而言，高階主管應致力於指揮所屬單位，使之具備有利增大附加價值的要素。對一般員工而言，每個人都能分配適當的工作，即有利附加價值增加。

6 增加每小時工作量

以左圖表算式計算附加價值勞動生產力，結果將顯現以下四要點：

①增加每小時的銷售量或生產量

由計算結果呈現出的生產量數字，總讓人直覺以為「製造或營業部門要加油了！」與其僅有製造或營業部門努力，不如企業整體投入，增加每小時的工作量，顯然較能有效增加附加價值額。

在此一項目中應格外留意，雖說統計結果似乎針對製造與營業部門，但實質上仍應透過企業全體努力來達成。

②銷售價格

最理想的作法，是以企業原定的價格出售。但為使顧客以企業預期價格購買，企業商品本身應具備強烈特色（如高性能等）。

因此，須由研究開發、設計、財務等單位（匯集企業整體各部門的智慧與努力）共同努力來達成目標。

③原料價格

欲購入物美價廉的原料，首要的二大因素就是大量購買或支付現金。

大量購買的前提是作業量產化，因此有意大量採購時，必須配合製造、營業部門的合作，大量製造或大量銷售。至於支付現金，則需透過財務部門的努力達成目標。

④原料使用量÷生產量

此項數據與材料生產力成反比，因此只須改善材料生產力即可。

提升材料生產力，不僅單靠製造現場努力即可，也與技術部門與設計部門有關，此外，還須經營者引進優秀的機械設備配合。

由此可見，提升附加價值勞動生產力，所有相關部門的通力合作，是不可或缺的要件。

「活在世上每一天，都努力動動腦吧」……

增加每小時工作量的重點

$$\frac{\text{附加價值}}{\text{勞動生產力}} = \frac{\text{附加價值額}}{\text{員工人數}}$$

$$= \frac{\text{附加價值額}}{\text{勞動時數}}$$

$$\fallingdotseq \frac{\text{銷售額}-\text{原料費}}{\text{勞動時數}}$$

$$= \text{銷售價格} \times \frac{\text{銷售量}}{\text{勞動時數}} - \text{原料價格} \times \frac{\text{原料使用量}}{\text{生產量}}$$

$$\times \frac{\text{生產量}}{\text{勞動時數}}$$

（假定銷售量＝生產量）

$$= \frac{\text{生產量}}{\text{勞動時數}} \left(\text{銷售價格} - \text{原料價格} \times \frac{\text{原料使用量}}{\text{生產量}}\right)$$

・各項改善方案實例

生產量／勞動時數	銷售價格	原料價格	生產量／原料使用量
1.工作管理 2.培育從業員 3.引發員工工作動機 4.加強團隊合作 5.加強機械化等	1.產品特性 2.確認對顧客有利的銷售條件 3.行銷戰略 4.營業員教育訓練 5.嚴守交貨期限	1.重估採購途徑 2.重估付款條件 3.重估捆包、運送法 4.大量採購 5.重估保管方式	1.改善生產方式 2.加工方式標準化 3.機械設備高科技化 4.重估商品設計 5.教育、引發作業人員動機

・演　習

1.考量能增加每小時工作量的三項提案。
2.列舉為維持企業商品的銷售價格，自己能在職場中進行的努力。
3.選出透過職場努力，能降低原料購買價格的要項。

7　提升工作效率的各種方法

一個人是否具備經營管理力，經由工作方面的考驗即可得知，其中最重要的應是「提升工作效率」。

試著整理出左圖改善工作效率的主要方案。

①經辦者應有的態度

提升工作效率最大的重點，在於經辦人的工作幹勁與能力程度，時時留意兩者狀態的維持與改善，是最重要的部分。

至於提升工作幹勁，可參看第二章，並按部就班執行。並非對著部屬板著臉說教，或突然與部屬餐敘等，就可達到預期功效。

就企業立場而言，引進實績主義的人事管理制度，以制度化、體系化對策管理企業，已成必然的趨勢。管理者更應仔細衡量，交與部屬部分權限，增強部屬的工作幹勁等。

此外，假若同一方案反覆執行，會導致員工在習慣性作法下，逐漸降低工作意願，這點在培育部屬方面多下工夫，可參看本書第二章的作法。

②職場管理方式

職場管理略分為工作管理與部屬管理。

在工作管理的範圍內，最重要的是派何人執行何事，因為工作分配適當與否，對工作效率的基本結構，將有最直接的影響。

此外，工作流程安排也是不可或缺的部分，使工作負荷平均化，也是職場管理的一大重點。

至於部屬管理的重點項目，在第二章已詳盡說明引發工作動機、培育部屬的工作、加強團隊合作，第三章則說明如何解消不平不滿等。

③職場狀態

多數人都會受職場同儕影響，例如○○先生想提升自己經辦業務的工作效率，同事卻說

影響工作效率改善的六大要因

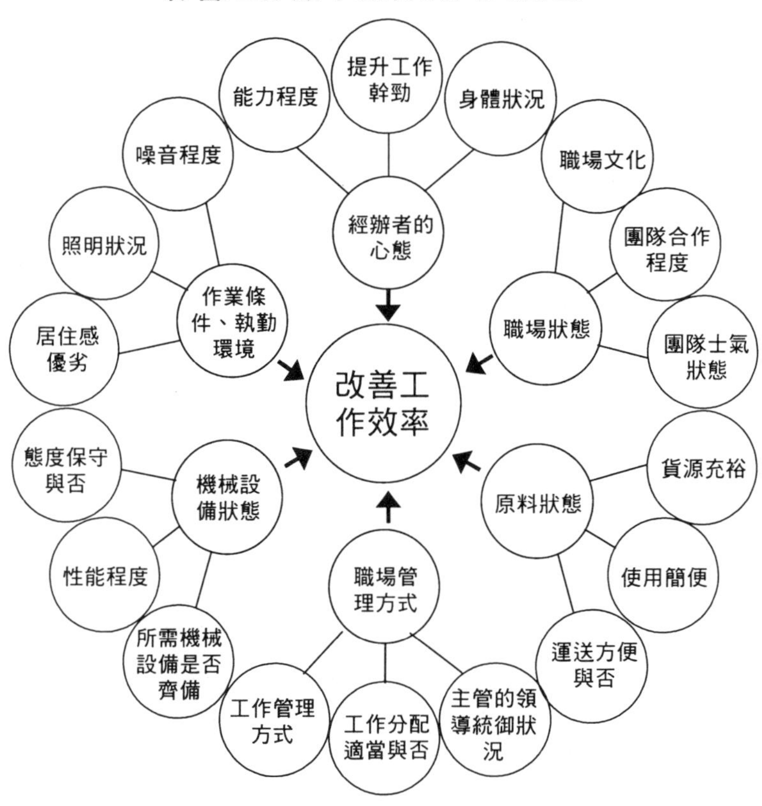

「急什麼，慢慢來就可以了」、「何苦這麼勤快工作，像從前那樣不好嗎？」對方說得振振有辭，如果無法排除這層壓力，自然也無法達到提升工作效率的效果。

這同時也說明職場風格，與團隊合作的重要性。

職場成員各有其不同的性格，也有不同的想法。因而有意提升工作士氣，使工作氣氛良好，勢必藉由長期努力達成。

※　※

俗話說：「持續就是力量。」這同時也是經營管理的一項重要法則。

8 改善提案彈性化

許多企業提案制度有名無實，建議採用圖①的作法，每月定期召開職場改善會議。同時也可在改善會議中，提出如下對策。

①教授改善方式

第四章中說明的改善方式，應確實教導部屬與新進人員學習。

畢竟計劃性方案，要比臨時作成的改善方案更妥當，同時因而引發連續性構想的可能性也大。

②提出主題目標

每當主管說：「無論什麼都好，提出一些建議事項吧！」受到鼓舞的部屬們，往往立即提出許多方案，主管們的回答多半是：「雖然看似可行，但是……」結果幾乎都遭到回絕的命運。試著將目標鎖定在一件事物上，例如，要求部屬提出「改善材料○○成本率的構想」，在有目標、主題的情況下，較容易產生優秀提案。

③醞釀建議改善方案

在部屬與新進人員提出的改善方案中，少有讓主管或資深員工覺得「嗯！這提案很好。」的好案子。

因此，發現某個提案或構想還不錯時，可試著與部屬討論，作成更理想的案子，努力培育該計劃成功。這樣不僅能使構思更加完善，也可提高提案者的工作士氣。

④活用幕僚

目前常見的提案方式，多如圖①的①、②式，只是多半提案者的提議，多受主管或企業當局決定採用與否，並未活用相關幕僚人員進行專業判斷，或提出改善構想，使之更加理想。

定期召開職場會議，將能促使職場人員相互刺激，使職場現狀獲得預期改善。

建立改善方案的循環結構

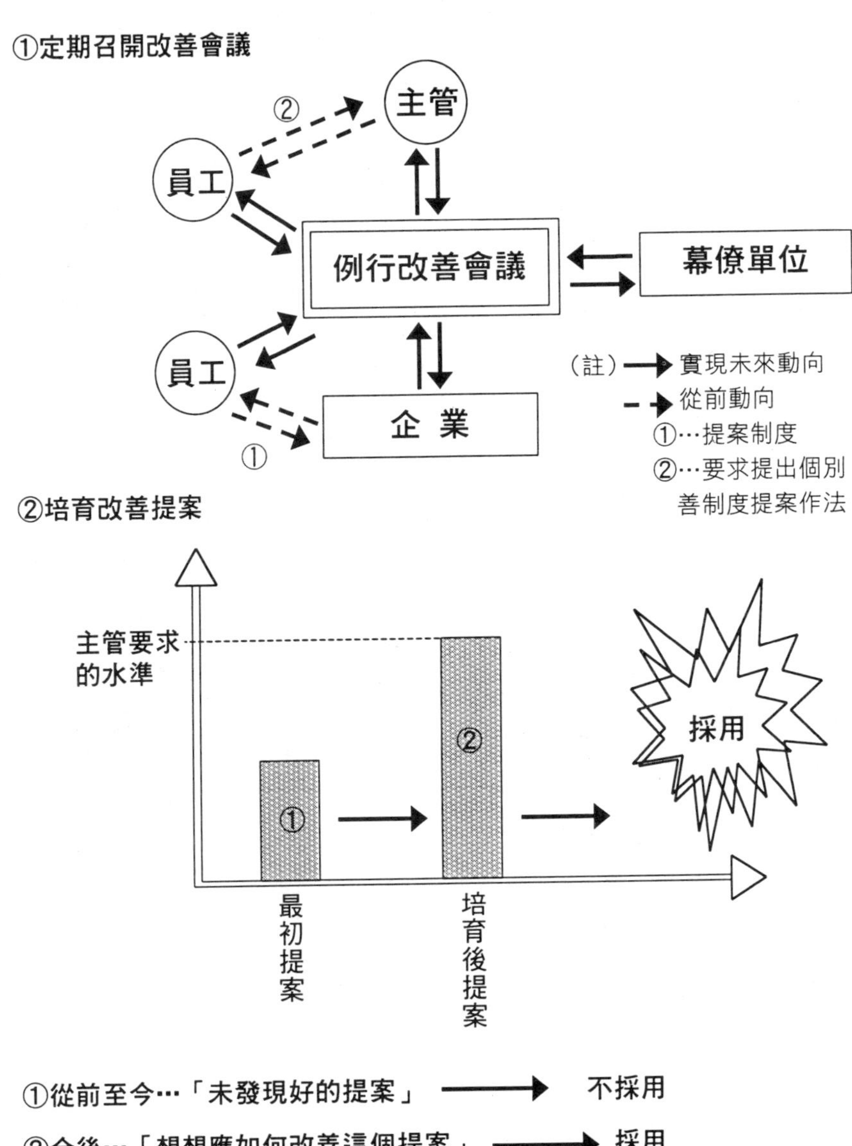

①從前至今…「未發現好的提案」 ⟶ 不採用

②今後…「想想應如何改善這個提案」 ⟶ 採用

9 企業主要負擔

以附加價值額的觀念分析生產額或銷售額，如左頁圖表①所示，應牢記下列事項。

①收入是否達到生產額半數

觀察整體生產額，總覺得企業收入不少。事實上，扣除承包工程已付款部分，以及發包材料、零件費，企業本身的淨收，將達不到生產額的一半。

②企業能自由運用的收入，只有生產額的四分之一

在日本從事正當的事業活動，事前必須支付某些支出費用（材料費＋零件費＋發包工資）及人事費用，企業不具備延期支付的自由。

因此，扣除研究開發、設備投資費用、貸款利息、股東紅利、企業保留金等，以及營運公司各項機能所需支付的人事費用，付款後僅剩生產額四分之一的金額。

③如何分配勞動分配率

所謂勞動分配率，是指人事費用占附加價值幾成，企業所需開支的指數。關於這個指數，應留意如下二點：

第一、此項指數並非每月支付員工的現金薪資，而是所有的人事費用。

第二、在日本刻意壓低人事費用，有實行上的困難。

在日本有意辭退員工，或降低薪水，都是相當敏感的忌諱，有人甚至稱之連經營者都不敢侵犯的聖域。因此，即使景氣低落，勞動分配率無法如預期降低。再加上為員工調薪，會更進一步加大勞動分配率，站在企業經營的觀點，這是必須慎重檢討的課題。

至於使企業經營穩定，員工得以支領高薪，這種對勞資雙方都是最理想的狀態，除了努力增加企業附加價值額之外，別無它法，這也就是附加價值（加工額）格外引人矚目的原因。

風光的外表下，有著苦不堪言的經營內幕，是多數企業必須面對的問題

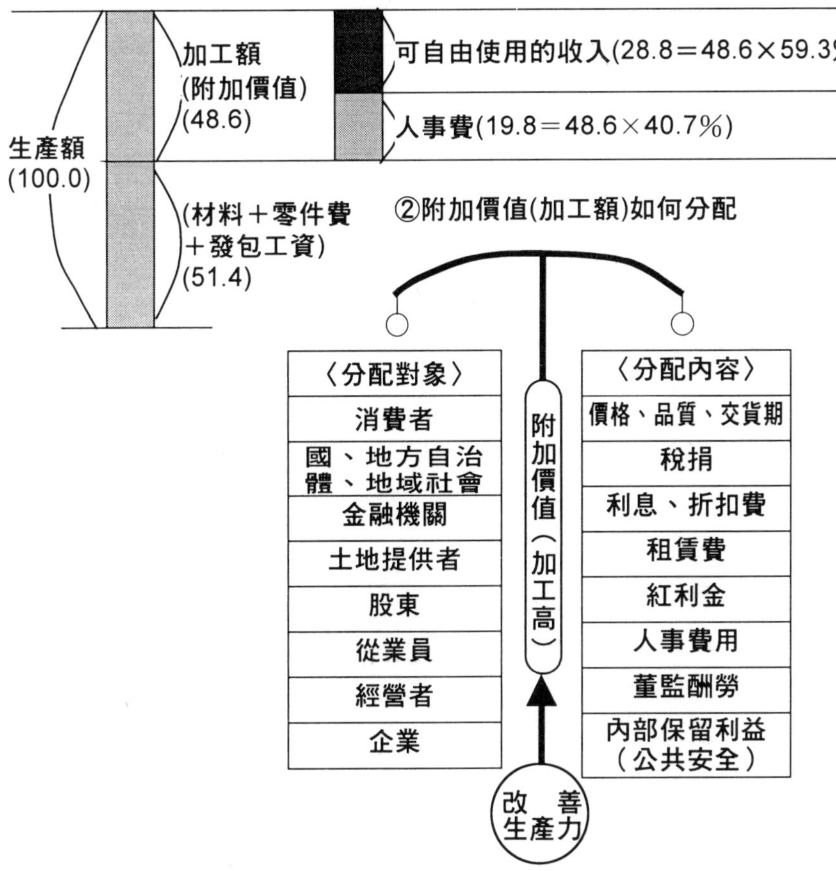

（來源）「中小企業經營指標」（中小企業部編、1994年發行）製造業總平均

1.加工額比率（附加價值率）（加重平均）

$$\frac{\text{加工額}}{\text{生產額}}=48.6\%$$

2.加工額對人事費用比率（勞動分配率）（加重平均）
（事務員、業務員薪水津貼＋直接勞務費＋間接勞務費＋福利保健費＋包辦費用）／加工額＝40.7%

10 改變工作內容

一位經辦者離座，恰巧有電話恰公時，你將如何應對？

①只回答「經辦者不在」。

②告知「經辦者不在，等他回來再回電」。

③先聽取重點，再告知「我會轉達」。

④聽取重點之後，能自行處理即辦理，無法處理則告知對方「經辦者回來再給你答覆」。

⑤聽取要件，自行適當處置。

由此依序由①至⑤；數字越大越是理想的作法。

但是能做到第④、第⑤項，必須平日即掌握離席經辦者的工作內容。應該怎麼做呢？

首先儘可能牢記每個人的工作內容，在教導對方執行工作之後，對方每天不斷執行、重複工作，是提升工作效率最理想的作法。

每一項工作在個人熟悉度提升至一定水準後，就缺少進步空間，工作模式也漸趨呆板化，此時組織整體工作效率也可能因此惡化。平日就應訓練部屬，使彼此各自熟習同一層級的工作，才是理想的作法。

所謂職務擴大，就是教導部屬可同時經辦同一層級的工作，經過執行職務擴大，不僅能使員工的工作能力多樣化，也可防止工作呆板化，還可按工作、職場狀況有效活用人員。

關於職務擴大，雖然前文中提及可從事同一水準的相關工作，但從事更高水準工作的欲求，卻是人皆有之。

欲滿足員工這方面的欲求，可先由經辦主管或上司部分工作內容做起（例如參與訂定計劃、與相關職場交涉等）。

使員工除了擔任目前職務之外，同時經辦其他業務，就是所謂的「職務充實」。

※ ※

無論從事職務擴大或職務充實，都必須計劃性進行，詳細內容可參看本書第二章。

有些人的工作意願低落……

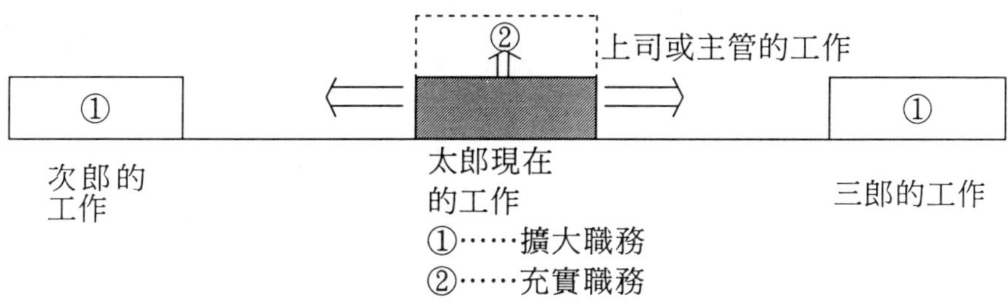

＜注意事項＞

1. 仔細聽取員工本人的想法

可能有人心想：「我從事現在的工作很久了，所以儘可能希望保持原狀」。

上司或主管的想法，與部屬相同的情況並不多見。

2. 歸納長輩或上司的看法

希望將部屬、晚輩培育成什麼樣的員工。

對於部屬、晚輩的想法，應做到何種程度的尊重。

3. 與本人充分協商

雙方充分交談，必能進一步了解本人的想法。

協商結果或許可以改變本人的想法，對方也可同時理解上司或主管的想法。

上司或主管應避免將自己的想法，強行灌輸給部屬。

4. 落實紮根工作

實際與上司或主管從事擴大職務、充實職務工作之後，應努力從事紮根工作。

11 何謂工作

在第三章開頭，已具體說明目前的「工作」內容，以下將廣泛說明何謂「工作」。

任何一家企業成立，都必須具備營業、製造等功能或機能。如左圖表所示般陳列，儘可能將功能、機能細分化。

通常「工作」是指基本業務～單位作業，

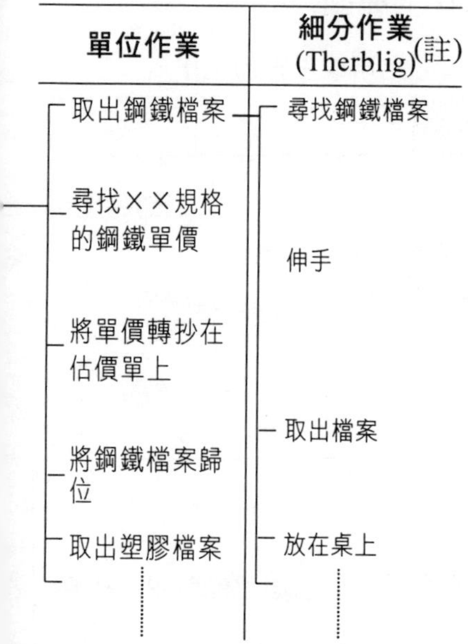

單位作業	細分作業(Therblig)(註)
取出鋼鐵檔案	尋找鋼鐵檔案
尋找××規格的鋼鐵單價	伸手
將單價轉抄在估價單上	取出檔案
將鋼鐵檔案歸位	放在桌上
取出塑膠檔案	……
……	

(註)動作的最小分析單位

為改善工作效率，至少應留意下列注意事項。

①意圖改善工作效率時，應將工作層級明確化

例如，應事前釐清究竟要改善層級工作效率，或檢討單位作業工作。

②留意工作順序與從前工作的關係

例如依左圖表單位作業層級，若能好好估計所需資訊，就能有效提升估計效率。萬一估計資訊搜集工作進行不順利，即使在投注大量心力開始工作，也可能因資料問題中斷，這也將直接影響工作效率。

③以正確的方式執行前一階段的工作

由左圖表可看出，在提升工作效率之前，必須先做好前一階段的工作。事實上，對這類看似簡單的工作，也不應掉以輕心。

④高階主管的工作效率改善幅度偏高

以製造單位的現場工作為例，由事前的工程分析、時間研究等大層級，到細微部分等，都努力執行工作效

仔細檢討、大費周章

凸顯哪一層級的「工作」

	機能	業務：基本業務	業務：單位業務	單位作業	要素作業
企業	製造	銷售計劃	製作估價單	收集評估資訊	取出表格
	營業	銷售活動	信用調查	評估作業	記錄評估資訊
	技術	營業事務	製作契約書	保管評估文件	計算
	總務	收款活動	製作客戶名單	分發評估文件	累計
			記入帳本		核算
					上司批准
					影印

率提升，必能達到相當程度的功效。

在此一階段必須活用高階主管的想法，同時在工作型態不易定型化的狀態下，必須改善工作效率，的確是對高階主管的一大挑戰。在此一範疇內，只要有心努力，達到預期功效的可能性很大。

藉此重新評估從前忽略的部分，也有利於經營力的加強。

12 推動革新工作

所謂「革新」是指電腦或技術革新等尖端技術範疇，多數人都認為這部分與一般上班族無關，果真如此嗎?

美國經營學者W・J・亞班納西，提出革新發展階段的說法，並將他的想法整埋成如左圖表的形態。使我們了解，至少在如下部分，普通上班族也可充分參與部分革新工作。

①一般革新的工作範圍

在此一範圍當中的努力，就如有人諷刺的說：「日本專向美國購買基本技術，再將之量產化」，可見這真是日本人最拿手的部分。

現今流行的事業革新，也是在這範圍應努力的環節之一。預料如國際化、日圓升值的經營環境，都會日趨嚴重化，因此，投注更大心力，加速改革肯定是勢在必行。

②創造籠（註）的範圍

推動日常改善活動，總令人聯想到「儘可能技巧運用物資，足夠維持生計即可……」這類的想法和暗示。事實上，這樣的想法相當值得保留，並引進研究開發部分，或用於推動自己的構思等積極的行動。

間隙創造型革新並不難，在他人成功的經驗中，我們不就常常聽到：「因為原先的作法相當不便，所以我想出……」的話，或是「麻煩事往往成為革新的動機」等成功名言。

③劃時代的革命範圍

如圖表中說明，要將此一部分的革新工作，由研究室階段事業化，通常必須有能幹的助手協助。即使不具備推進革新的技術能力，至少也會將此一範圍內的革新工作，升級到革新結構化的優秀助理，即使只是一般上班族，也應使自己擁有這樣的意識形態。

可見革新工作絕非遙不可及，我們周遭處處線索，值得您去發現。

（註）壁籠　可放置雕像、花瓶的牆壁凹處。

革新四階段及歷史具體實例

創造性破壞、創出新市場

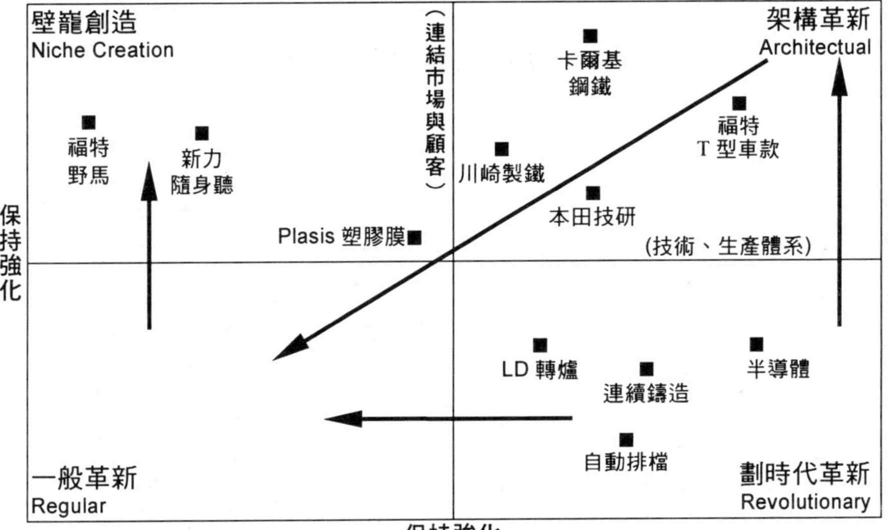

（來源）「現代經營手冊」小林規威、土屋守章、宮川公男 編輯 日本經濟新聞社出版

〈用詞解說〉

1. **架構革新**
   破壞既存技術、生產體系，創造新市場的革新。同時也是最劇烈的創造、破壞動作，使產業飛躍性發展。也是一般人最直接聯想的革新動作。

2. **一般革新**
   一旦架構革新呈慣性狀態，即可開始將重點放在技術、生產體系的強化，擴大、改善市場占有率，這是目前日本最拿手的部分。

3. **壁龕創造**
   將技術、生產體系維持現狀，創造出新市場的革新工作。通常被稱為壁龕（間隙）戰略。

4. **劃時代革新**
   一旦革新成功，將使企業在市場競爭中，處於極佳的優勢。促進改革多為工程師等人，但將劃時代革新結合架構性革新時，則須足以補強弱點的其他人才。

啊！真是大費周章

筆者經常受邀擔任某些企業經營顧問，在提出改善建議，或主管應接受的教育課程時，常遭遇的反應不外是：「看起來很不錯，可是實行上很麻煩。」

每次面對這樣的質疑，我都想反問對方，輕鬆、怕麻煩的態度，真的能做好改革工作嗎？根據我的經驗，等待這樣的方法不啻為椽木求魚。

回想自己在學業、運動、工作上的經驗，欲學會正確的作法，往往必須勞心勞力，才能享受成功的果實。沒想到多數人總在經營世界中做夢，夢想著輕鬆達成每一件事情。

一分耕一分收穫，不願付出苦勞，誰又願意支付工錢呢？快樂的事，例如，到球場看棒球賽、到餐廳用餐，都必須開支金錢不是嗎？

刻意從事困難的工作，或從事自己排斥的工作，自己的能力常常在執行過程中進步，這點在運動練習方面，我們都已經驗過了。「只要應付了事就可以，我看就這樣算了吧！」停止向困難、挑戰努力的作法，正是導致能力成長止步的主因。

無論經營世界或一般社會皆如此，為經過一番辛勤努力，化解所有困難，如何能使自己創造良好業績，達到地位、薪資的提升，同時進一步達到本人經營力的提升呢？

第六章 經營管理職場改善

1 職場現存問題

實際上，職場可能發生的問題種類很多，如延期交貨、計算錯誤等，身為上班族，似乎也總為了解決這些問題疲於奔命，以下我們一起來看看，平日常見的「問題」真面目。

如左圖表①所示，所謂的問題是理想狀態與現實之間的差距，我們的職責，正是消弭這些問題。

問題的產生，必有引發之因素，實際上還可能多是複數因素（參看圖表②）。能經常處於「正常狀態」，多半是指計劃、指示、標準、法規等。

我們看看接下來的例子。

●計劃——今年的銷售（生產）目標定於五億元，實際績效卻只有四億元，結果仍有一億元目標未達成的問題。

●指示——假定上司指示：「這件工作須在上午前完成。」實際完成工作時間是下午五時，其中發生延期半日的問題。

●標準——日本工業規格及企業規章，都是工作時必須遵守的規則。例如，製作的機器未達顧客要求的規格與性能，也就等於出現「性能不佳」等問題。

●法規——例如，將車輛停放在違反道路交通法之處，有「違規停車」的問題。

前述中問題，很顯然是「事出必有因」，不妨仔細探究原因。

●未達成目標的問題——包括業務員（員工）能力未達預期標準，或士氣不振等。

●未依照指示完成工作的問題——對經辦者而言，這工作任務難度過高，或可能是急於驗收的工作，必須優先處理。

●無法達到規格化性能的問題——加工不當，或加工使用機器精度低。

●違規停車的問題——沒注意禁止停車號誌，誤以為可停放車輛等。

使問題真相明確化，是解決問題的第一步

何謂「問題」

①何謂「問題」

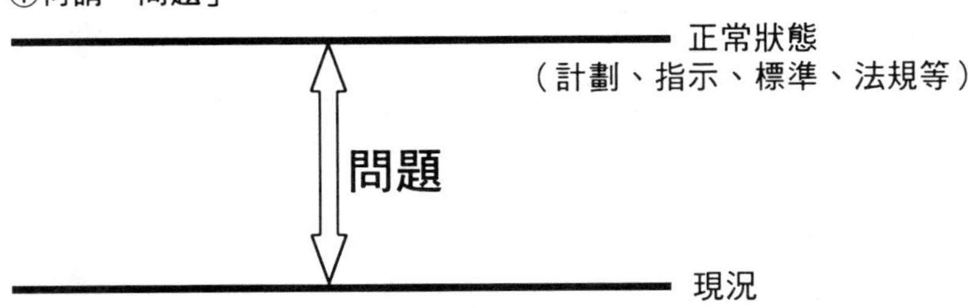

②問題出現，事出必有因

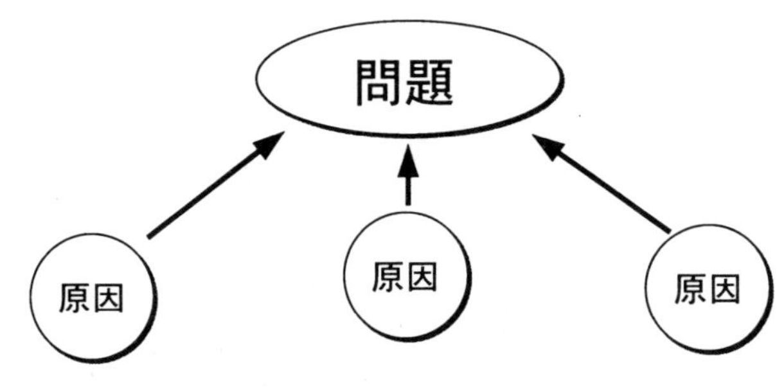

關於這些問題，應儘可能掌握具體數據為要。

因為數量化才能凸顯問題程度，又如同前例中，可提出「無法達成目標」「無法按照指示完成工作」「無法達到要求性能」等抽象部分，來凸顯問題的嚴重性。

※ ※

只要成功將問題明確化，即不難發現解決之道。

2 各種問題形態

首先，儘可能在七分鐘之內，完成左圖表①。如果七分鐘之內無法完成，可延長時間至完成為止。

每個人臉孔的正面與側面，都各自因為「觀點」不同，而顯現出不同特徵，若能改變「觀點」，問題特徵也更明確化。

左圖表是由工作、人、時間三要素進行分類，這三者同時也是推進任何事業的重要因素。另一個方法，則是由工作層級分類的方法，實例如下：

①業務層級問題

例如計算錯誤、機械操作失誤等問題，原本只須依照上司指示，就不會、不可能發生的問題類型。這類問題的發生，上司與經辦人員都有責任，可能是經辦者未依照上司指示行事，或上司未善盡輔導之責，使經辦者未依正確方式執行等。

這類問題，占職場問題的絕大多數。這同時也顯示，只要多數人能完全依照正確程序工作，半數以上的職場問題都將迎刃而解。

②管理層級的問題

使部屬分擔不適當的工作、指示不清、朝令夕改等，都是這類問題發生的主要原因。

例如，某經辦人員完全依照上司指示執行工作，但這個工作對員工而言，負擔過重，以致無法按規定完成。這類無法達成工作的問題，無須上司與員工同時承擔責任，但應由主管負責的問題類型。

③戰略層級問題

例如工地位置偏遠，運輸費用居高不下，機械性能不佳、缺陷率高等等，都是因戰略負擔出現的問題。很多時候，一般主管的權限並不高，因而在這個問題層面，必須積極推動企業改善方案。

此外，管理層級問題的遠因也可能與戰略問題有關，而原為管理層級的問題，最後成為業務層級問題的狀態，則如圖表②所示。

將問題分類，即可使特性明確化

在你所屬職場中，發現哪些問題？

①職場問題－1

時間充裕 範圍	期待盡早解決問題	不急於一時解決的問題
關於工作	1. 2. 3.	1. 2. 3.
關於人	1. 2. 3.	1. 2. 3.
其他	1. 2. 3.	1. 2. 3.

②職場問題－2

內容 問題	內　容	摘　要
1.業務層級問題	1. 2. 3.	
2.管理層級問題	1. 2. 3.	
3.戰略層級問題	1. 2. 3.	
4.其　他	1. 2. 3.	

3 發現問題

例如「再這樣下去可能趕不上交貨期……」等顯在化的問題，無須刻意「發現」，即顯現出的問題。還有逐漸出現的小瑕疵，還未釀成問題程度的「準問題」，都必須早日發現，以免釀成重大問題。

最有效率的作法，就是運用如下的核對單，一一核對現狀。左圖表介紹二種類的核對單，並說明要點。

①新五大任務核對單

無論是製造現場、高階主管的工作職場，或應完成的主要任務為何。可歸納成品質、成本、交貨期、生產力等範圍，再一一核對目前職場現狀。

②組合核對單

對於問題或成本提高的元凶，例如，過度浪費、不勝工作負荷、工作分配不均等，以及其他核對項目組成核對單。在樣本中以５Ｗ１Ｈ組合而成。

根據這個組合，例如針對ＷＨＯ（人）應盡可能仔細核對，像是「有沒有浪費」「工作負荷是否過重」「工作分配有無不均」等具體事項。

仔細核對之後，將各範圍的問題，依重要程度為基準，選出問題並決定解決順序。

首先可以左圖表的核對單為範本，再依自我職場需要，改製作出適用的核對單。

發現問題最重要的因素，就是具備問題意識與發現問題的經驗（與表格本身無關）。

從現在開始，積極發現問題，並解決問題，多方累積經驗，才容易發現問題，也較有利解決問題，這同時也是一種「雞生蛋、蛋生雞」的循環。

面對問題與疾病相同，須早期發現早期治療

職場內隱藏哪些問題

①新五大任務核對單

任務	內 容
品質	1.工作品質有無達到標準 2.失誤機率如何 3.修正狀態如何 4.有無實施改善品質對策 5.有無施行防止失誤再發的修改對策
成本	1.工作速度如何 2.加班時數多寡 3.成本意識是否足夠 4.開會的生產力程度如何 5.OA 機器（含電話）的活用程度如何
交貨	1.是否嚴守交貨期限 2.是否具備交貨期限的想法 3.有無考量來不及交貨的對策 4.是否安排中間交貨期 5.有無實施防止交貨期再度延遲的對策
生產力	1.員工是否具備生產力的想法 2.有無浪費時間的傾向 3.每小時的工作量平均 4.有無實施改善生產力的對策 5.有無實施縮短加班時間的具體方案
人力	1.工作士氣如何 2.團隊合作的程度 3.人際關係程度 4.呆板化程度 5.不平不滿程度

②組合核對單

5W1H / 三不	WHO（人）	WHAT（工作）	WHEN（時間）	WHERE（場所）	WHY（理由）	HOW TO（方法）	HOW MUCH（費用）
浪費	●五級職位的太郎，從事二級職位的工作（每日二小時）						
負荷度						與 0 號機相比，××產品的精密度與規格不符	
均衡		工作流程過度集中在月底（第四週平均加班二小時）					

4 保有問題意識最重要

前些日子，我與一位剛升任董事長一年左右的朋友喝酒敘舊。

我們談了很多，針對彼此部屬的問題意識，發表如下看法：

「我們公司的主管相當缺乏問題意識，上次我針對他們提出的企劃書，提出其中的缺失部分，並指責負責經辦的經理，想不到那傢伙竟毫不在乎的回答我『您說得真好』。」

「是嗎？說不定他只是一時疏忽。」

「不！不是這樣；其他的主管也差不多，反正他們不是問題意識薄弱，就是缺乏問題意識。」

「我看你似乎很不滿的樣子，不過你回想自己當經理時，不也同樣挨頂頭上司的罵，到底擔任經理與董事之間，最大的不同點是什麼？」

「我覺得最大的改變，應該是責任感的不同。因為獨當一面，與肩負某個事業單位的責任是不同的。在我擔任經理的時候，一旦步出公司大門，除非有重要的事情發生，我不會想到公司的事情；最近我則驚訝地發現，我回到家仍在為公司的事煩心。」

我朋友的話，正一針見血的說中要點。

身為任何企業的董事長，對於企業各部門的經營問題，莫不仔細思索，期待早日掌握狀況。根據筆者的經驗，卻少有董事長發現前述問題核對單的存在。

所有的董事長都擁有相同職責，必守護著所屬企業，使之不斷成長，還能如期支付員工薪資的強烈責任感。

如此強烈的責任感，導致董事長們的問題意識尖銳化，連員工忽略的問題都能牢牢掌握，筆者的朋友正是一個最好的例子。

擁有敏銳的問題意識，即使是問題意識薄弱者忽略的問題，都能明確掌握。就如同我的即使是工作之外的事，都應具備問題意識……

關鍵在於問題意識

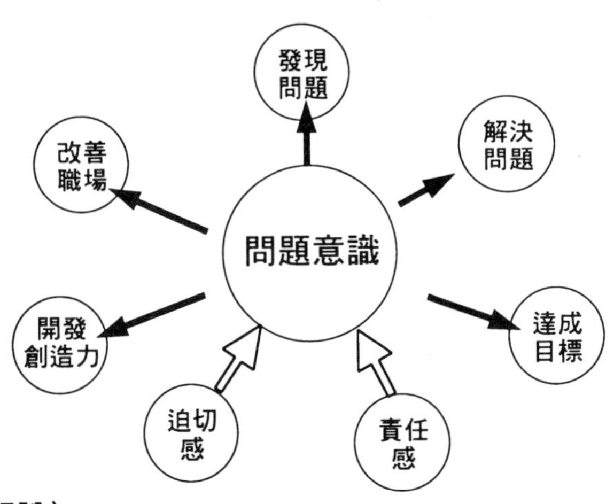

〈用詞解說〉

・何謂問題意識？

問題意識是指遭遇某些現象時，能夠準確透視其重要性，積極而理性的處事方法。〔被視為專家，尤其是學者的實力指標之一〕

※請格外注意〔　〕內的備註

朋友所說，回到家仍想著公司的事，這樣的狀態，自然要比走出公司，問題意識自然消失的人，更善於解決問題。

因此，為了能盡速發現、解決問題，最大的重點在於問題意識的存在與否。除了問題意識、責任感之外，迫切感（被逼得走投無路）也是不可或缺的部分。

關於這點，只要回想自己面臨非及早解決事情的經驗，即不難理解。

※　※

迫切感與創造力的開發，同樣也扮演相當重要的角色，可參看本章第十二項。

5 解決問題——治標也治本的方法

請問你將如何處理以下問題：

①再這樣下去，將無法如期出貨。

②顧客提出申訴賠償案件。

③〇〇今天蹺班，導致人手不足。

我想一般人能想出的因應對策，大概不出以下幾種：①要求員工加班，或加派支援人手等。②由上司陪同，儘速向客戶致歉。③找人代班，並重估行程計劃。

如同本章節開頭時提到，任何狀況的發生都是事出有因。以這個例子來說，①可能是經辦者的工作技術偏低、或使用中的機械出了問題，②則是我方延遲交貨太久，或產品品質不佳等，③或許〇〇向來如此，或身體狀況不佳等，眾多原因必須一一排除，否則問題永遠難以獲得解決。

解決問題的方案，可參看圖表①的範例，這些策略清楚歸類出暫時解決問題的治標策略，與完全排除問題發生原因的治本策略。

就實際狀況而言，多數職場在面臨問題時，多半直接採行治標策略，治本型策略必須耗費許多時間，大概很少有人考慮採用。況且職場上人人都忙於工作執行，最重要是先排除眼前的問題，才有餘力執行接下來的工作。

如果依照理論執行「追究原因訂定策略與實行」的作法，將帶來更大的工作量，這也導致多數人只採用對症療法型對策，但結果正如圖表②所示，問題發生的原因始終未獲排除。

雖然根本型治療對策費時費事，為了長遠的將來打算，卻不得不考慮採行。

最理想的作法，是在問題發生之初，立即實行根本治療型對策。不過，目前採行對症療法對策↓根本治療型對策的順序，較為符合多數實際狀態。

以下說明推進根本治療型對策的標準過程。

徹底解決問題真的很麻煩……

「解決問題」的方法

①解決問題策略

解決問題方案
- **①立即解決的治標對策**（對症療法型對策）………加班、支援、致歉、折扣、採用代用品
- **②排除問題發生原因**（根本治療型對策）…………探究原因、剷除原因

②解決方案的主要特徵

特徵 / 對策	長處	短處
① 對症療法型對策	1.輕鬆 2.可適時解決問題 3.暫時因應緊急狀況	1.問題發生主因未獲解決 2.將來問題可能復發 3.經辦者的能力、職場狀況、產品服務沒有進步
② 根本治療型對策	1.可徹底剷除問題發生原因 2.未來問題復發的原因獲得消解 3.促使經辦者的能力、職場狀況、產品服務進步	1.實行大費周章 2.無法適時解決問題 3.難以因應緊急狀況

對症療法型

根本治療型

6 根本解決問題之道

在前一章節中，將解決問題的方式分為二大類，以下將針對根本治療型對策進行探討，整理出標準過程，並說明要點（參看左圖表）。

①使問題明確化

儘可能具體掌握問題，能掌握準確數據最為理想。例如「交貨期會遲一點」，不如改說「交貨期將延遲一日」，儘可能使問題內容明確化。

②探究原因

不斷追問「為什麼？」鍥而不捨追究原因。

一般而言，資深員工在問題發生時，多可猜出箇中原因。但有時聰明反被聰明誤，即使問題近在眼前，卻從未曾進一步探究原因，或進一步證實自己原先的猜測，是目前多數職場工作者的通病（原因探究法參看第7項）。

③構思複數解決方案

排除某項原因，通常會列出複數解決方案，從中選擇最理想的解決方式，如此一來，說不定能找出更好的解決方案。就實際狀況而言，單想一項解決方案的人仍占大多數。

④測試最後方案

假若成功結合眾多對策，並以姑且一試的心態實施，很可能發生意想不到的危險，還是先行測試較安全。

⑤將最後方案制度化

目前演進至第⑧項，進行階段性測試，接著完成第⑨項，進行必要的修正或修改，最後方案即大功告成，也可列入今後正確工作方式。因此，變動的帳本、傳票都必須正式化，還應修訂說明單，才算達成「制度化」。

為使經營管理工作更上一層樓，必須按部就班、階段性實行。因此，首要工作，就是徹底習得標準過程執行法。

解決問題猶如在庭院中除草——要細心有耐性

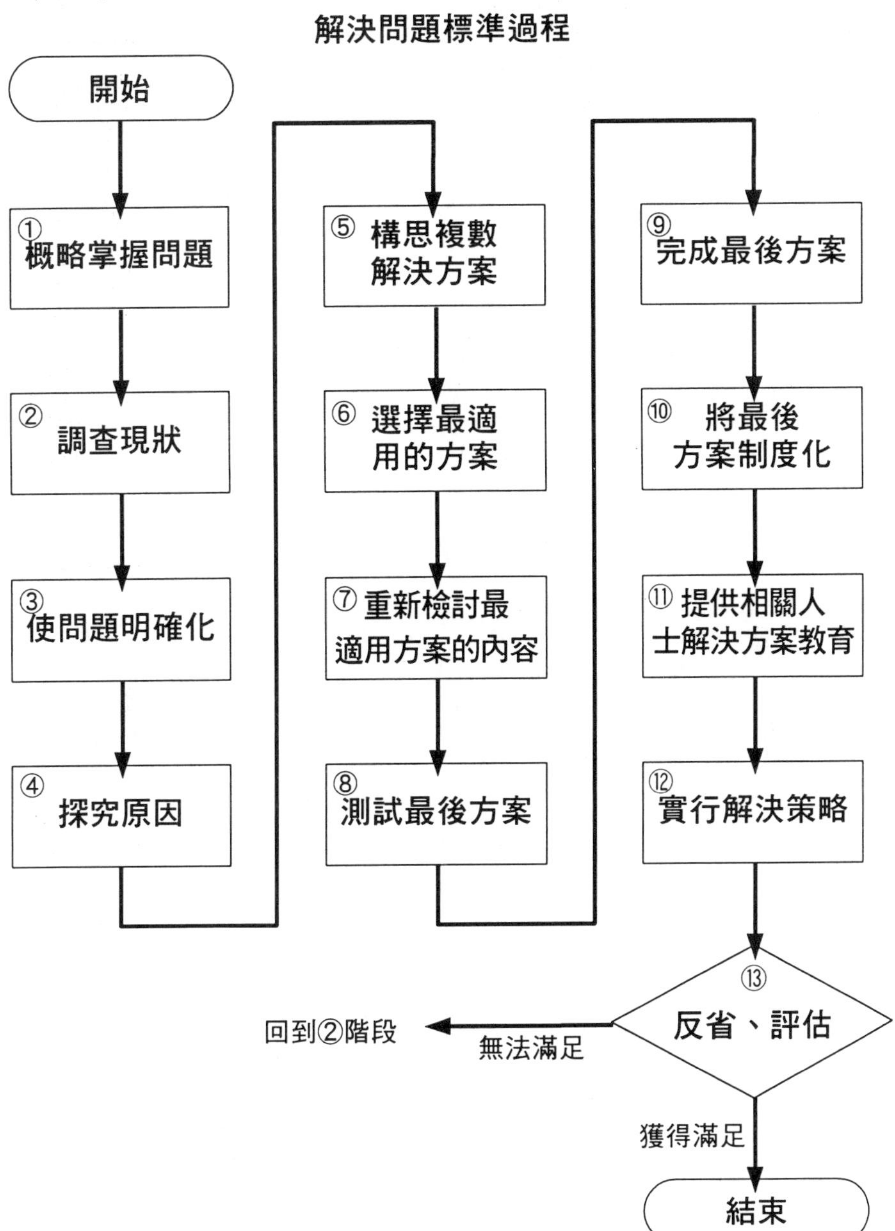

7 分析、整理問題與原因關係的方法

現在探討如下問題：「〇〇未按上司指示執行工作」的原因何在？

問題發生原因可能是：

「〇〇未充分了解上司的指示」

或「未對該工作的作法有正確認識……」等。

接著再進一步探究「未對該工作的作法有正確認識，主要原因為何？」結果可能浮現如下的答案：原本曾學習過作法，後來卻忘了，或學習時即未充分理解，卻以為自己已經學會等原因。

上面的例子更進一步說明，問題發生必有原因，而每個原因背後，都隱藏了另一個原因。

所謂特性要因圖，是指整理出問題與原因、原因與原因之間關係的圖示技巧，其繪圖方式需經過如下流程。

首先使此次探討的主題明確化，如同本章第一節說明的重點，最好能採用數據化作法。

接著，探究問題發生的原因，一般可粗分如下二種：

第一是先將原因進行大分類，接著仔細分析大分類的內容。以製造部門為例，可將四大生產要素列入主要原因，內容包括作業者、機械設備、原料、方法等，接著再仔細探究各個原因範圍的作法。

此項作法的優點，是可發掘不少細節部分的原因。不過，可能遺漏分類範圍外的原因，卻是此項作法的缺點。

第二種作法，就是不限定特殊範圍，由成員自由指出能想得到的原因，再將這些進行原因整理、分類。

這種作法能避免遺珠之憾，但分類、整理工作大費周章，卻是這項作法的缺點。

最後，我們來看看圖示以上原因的分析內容。

經過分類、分析手續，就可將問題理出頭緒

特性要因圖作法

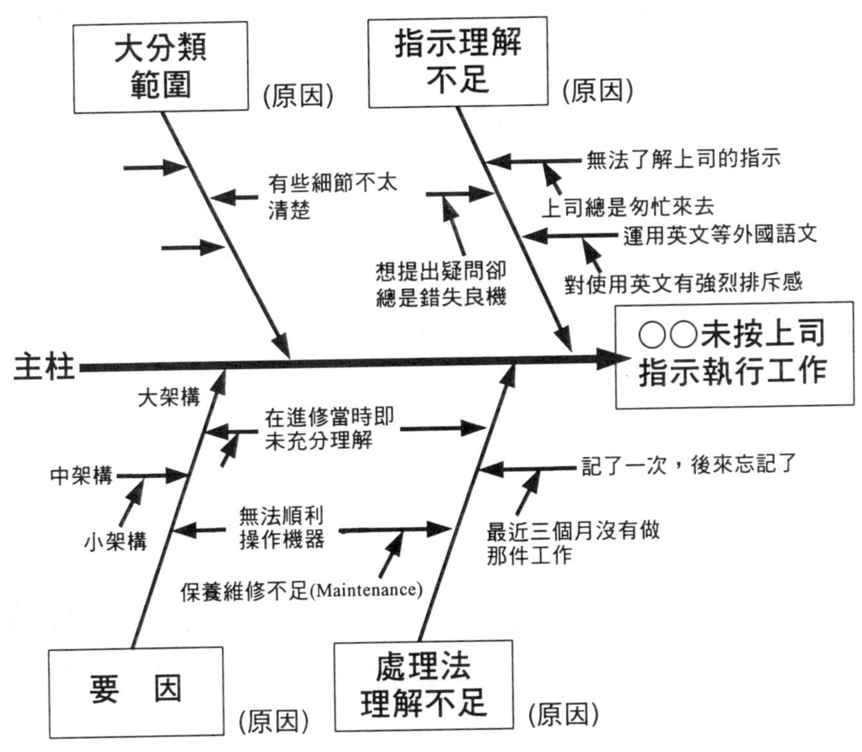

如上圖表所示，先填寫問題主柱，再由問題主柱進行大分類原因。接著再分中架構、小架構，依序填寫大分類內容。

這個作法的優點，不僅製作手續簡易，還可明示問題與原因、原因與原因之間的關係，使人一目瞭然。

此項作法的缺點，假若單一個原因，即分出二大分類的大架構，填寫細節部分的手續，則稍嫌繁複。不過這項作法，不僅能解明「問題—原因」的因果關係，還可用於整理「目的—手段」的關係。

8 找尋重要因素的方法

經過分析銷售（生產）額內容、缺失產生原因後，我們不難發現一般預測的少數要因，往往是導致重大狀況發生的主因。這個原理，同樣適用於工作上遭遇的各種狀況。

①板狀（Pallet）分析

遭遇某些狀況（如銷售額、生產額不佳），關連數種要因時，儘可能找出與該狀況關係密切者，稱為板狀分析或ＡＢＣ分析法，將內容座標化，就成為板狀圖表。

②推進板分析

首先收集狀況探討的要因資料，接著依數據大小進行排列，分別計算各因素數據資料的累積數、百分率、累積百分率等。

③繪製板狀圖

取一座標紙，如圖示在紙上取得刻度，接著以半座標填寫各因素資料數值，並以線體記錄座標累積數值，來完成板狀圖表。

④使用法

將此次發生的狀況，七成的要因納入Ａ項目中，超出七成未滿九成的程度因素，則定為Ｂ項目，剩下的就全部納入Ｃ項目（因而也有人稱之為ＡＢＣ分析法）。

Ａ要因是此次狀況（銷售額、生產額等）關係最密切的要因，因此必須在管理與促銷方面，付出最大心力。接著依序降低ＢＣ的管理、投注力，如此才能效率化活用經營資源。

運用此一技巧前，必須留意如下二點：

第一，將無法數值化的戰略與方針，作成固定事項形態。

第二，留意並牢記板狀畫圖樣，如同畫圖前必須拍攝快照，使自己印象深刻。

此一手法不僅適用於銷售（生產）額與產品組合運用，還可用於庫存額與材料、事故、原因等方面，這種以縱軸、橫軸繪製的圖線，適合記錄職場中多項重要活動。

無論是重點志向，還是重點管理，將目標數字化是首要工作

找出重要原因

①板狀分析表

資料　　(單位：百萬圓，%)

製品	銷售額	順位	製品	銷售額	銷售額累計	%	累計%
A	900	1	E	1,800	1,800	43.1	43.1
B	240	2	A	900	2,700	21.6	64.7
C	280	3	G	500	3,200	12.0	76.7
D	130	4	F	320	3,520	7.7	84.4
E	1,800	5	C	280	3,800	6.7	91.1
F	320	6	B	240	4,040	5.8	96.9
G	500	7	D	130	4,170	3.1	100.0
	4,170			4,170		100.0	

②板狀圖

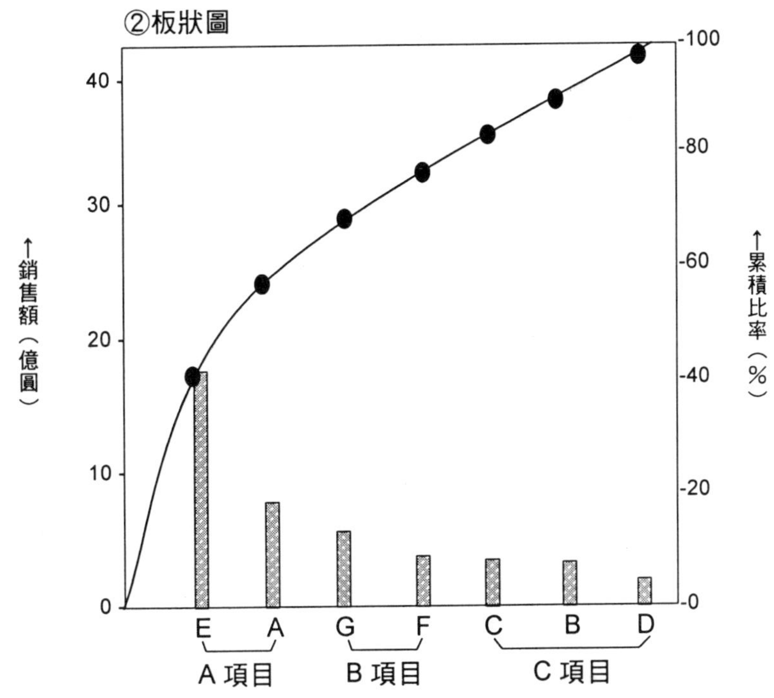

9　QC（品管）七道具

日本適品向來以物美價廉著稱，在品質管理方面，究竟有哪些職場改善的技巧，這也就是我們接下來要談的「QC七道具」。

其中以特性要因圖的使用頻率最高，板狀分析圖在前文中已提及，以下將說明此項技巧的重點。

座標圖

座標圖是學生時代即熟知的一種圖表，卻也是許多人容易忽略的一項手法。運用座標圖時，應注意重點目標的明確化。

判讀時，應以儘快掌握內容特性為重點。

核對單

使用核對單的目的，是希望能事前整理、檢討出必要事項，避免遺漏必要資料，同時將內容進行項目化整理，這是使用核對單的最終目的。

分布圖

分布圖多半用於探知二相關形態的圖表。例如運用兩相對應的狀況，由一方帶動另一方的變化，以未見變化者為基準，測出「相關變化者減少（或增加）」的數值。基準面增加，另一方增加（減少時），則稱為兩者「正（負）關係」。

柱狀圖

所謂柱狀圖，就是將所有資料進行區劃，再將區間數據資料寫成座標圖。

假若資料來源的過程穩定，即可繪出金字塔型的柱狀圖。

相反的，當狀況欠穩定時，則形成急速削減的斷崖型。運用數據資料，多半會製作出離島型的不規則柱狀圖。

管理圖

管理圖由中心線（CL），繪製出上部管理界線（UCL），和下部管理界線（LCL）三條基準線繪製而成。

ＱＣ七道具中的三實例

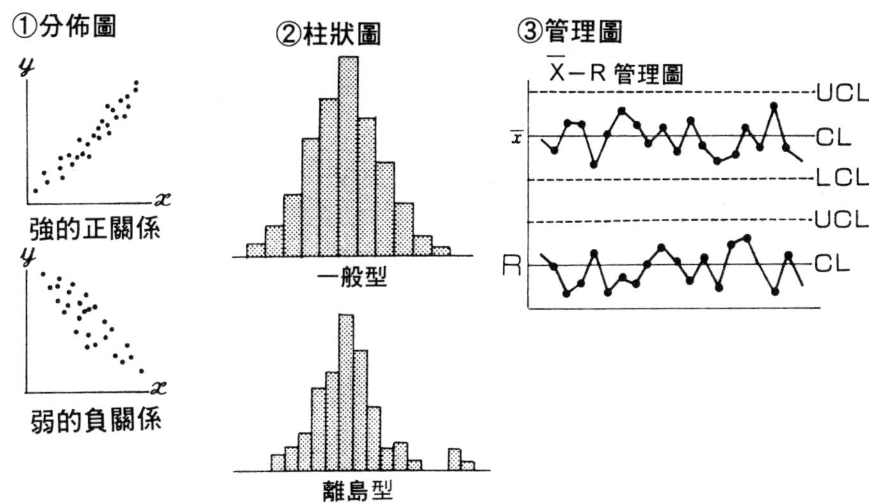

〈ＱＣ的七道具〉

①特性要因圖
②板狀分析圖
③座標圖
④板狀圖
⑤分布圖
⑥柱狀圖
⑦管理圖

圖中填入數據，將所有的數據資料填入ＵＣＬ與ＬＣＬ之間，假若各點之間的排列沒有問題，顯示該工程「管理狀況良好」（這是最理想的狀態），假若未盡理想，則應深入探討箇中原因。

在有限的篇幅中，只能簡略說明各項技巧的重點。實行之前，應召開企業或職場整體會議，說明此次的ＱＣ活動，使各成員達成共識，這同時也是對個人經營力的一大磨練。

10　改善事務推展

目前ＯＡ化（辦公室自動化、Office Antmation）正以破竹之勢席捲各大企業，使用個人電腦與文字處理機，能使計算或製表效率大幅提升。如果合理化的輸出流程，與ＯＡ化之前無差異，顯然是實施效果減半的結果，此時必須針對事務執行法進行改善（正確地說，應是事務工程）。

以下列舉事務工程改善的標準過程，結果如圖表①所示。

①收集帳簿樣本

必備的文件不僅是正式的帳本數據，還必須收集經辦者個人的備忘與雜記，凡是執行事務使用的文件，都必須收集齊全。

②調查現狀

經辦者的談話內容中，往往包含許多意見、事實、辨白與希望，聽取對方報告時，應將事實歸納入事實範圍，意見歸入意見分類，並分別進行整理工作。之後可依據獲得的資訊，以圖表②的記號，繪製現狀事務工程圖。

現狀圖繪製完畢後，須交由經辦者核對。此舉不僅能進一步確認現狀，還可使經辦者由現狀圖中指出現行缺失，引發修正目前作法的動機。

③分析、檢討

由圖表①之③的四個觀點，檢討、分析現狀，最好由經辦者、上司、相關人士齊聚一堂，共同檢討較理想。

④製作改善圖

改善圖也必須交由經辦者核對，由經辦者找出未盡完善之處，同時也期待對方在看了改善圖之後，想出更出色的改善方案。

在看完事務工程分析方法之後，以下介紹產能大學採取的方式。只要熟習運用記號與文字之後，即能簡明作成事務工程圖。最初可運用這些記號，製作職場事務工程圖。

改善事務執行方式

①改善事務執行方式的標準過程

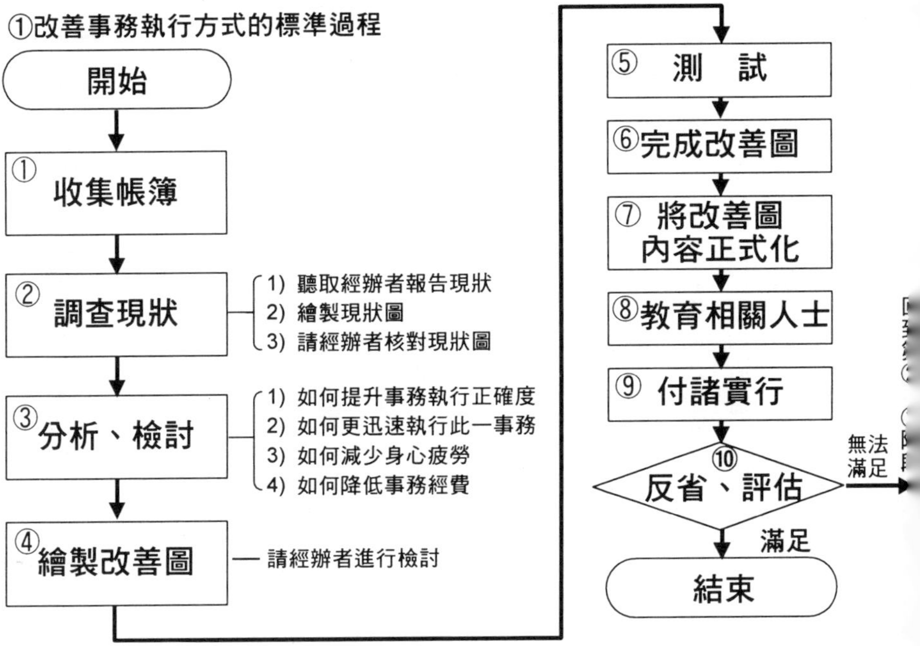

開始
① 收集帳簿
② 調查現狀
1) 聽取經辦者報告現狀
2) 繪製現狀圖
3) 請經辦者核對現狀圖
③分析、檢討
1) 如何提升事務執行正確度
2) 如何更迅速執行此一事務
3) 如何減少身心疲勞
4) 如何降低事務經費
④繪製改善圖
請經辦者進行檢討
⑤ 測 試
⑥完成改善圖
⑦ 將改善圖內容正式化
⑧教育相關人士
⑨ 付諸實行
⑩ 反省、評估
無法滿足
滿足
結束

②基本記號　日本產能大學製作事務工程分析圖表記號實例

基本記號
詳細記號
作業
準備帳簿
填寫帳簿
省略
收集
劃分、分類
分出二單位以上
計算
聯絡、協商
暫時取用保管帳簿
取用帳簿規格
初次運用上下兩套帳簿
第二次取用的帳本(二張)
實物
運搬
郵寄
人工運輸
快遞
保存
受理
暫時保管
保存
丟棄
檢查
查看內容
查看張數
領取認可圖章
帳本流程線
關聯線
實物動態線

來源：「效率規則使用方法」產能大學編輯

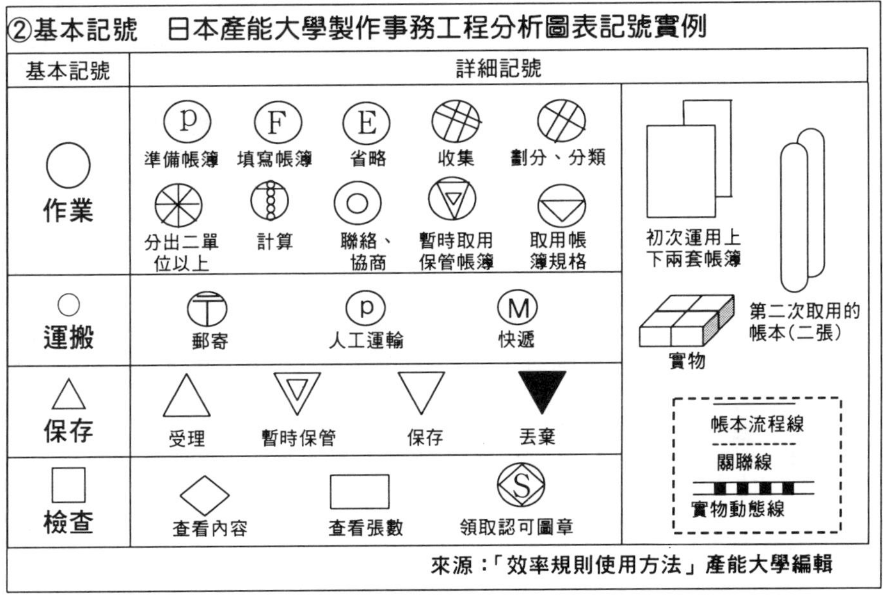

11 獲得解決問題的構想

有人走路喜歡把手插在口袋，有些人則不然，每個人都有屬於自己的行動癖好，同樣道理，每個人對相同事物，常有不同想法。例如，我個人認為「買輛自用車是必須的」，既然已有這樣先入為主的觀念，這個想法已是根深蒂固，牢不可破。

如此，自然難以接受「向他人借來開就好了」的觀念。

現在，唯有開發、刪除腦中的思考毛病與限制，才可能產生新構想。以下介紹最簡易的腦力激盪法，和更進一步的腦力點燃法。

①腦力激盪

身為上班族，想必大家都聽過腦力激盪這個名詞，我臆測實際實行腦力激盪，並活用於經營面的人，應不在少數。

所謂腦力激盪，是遵守圖表①的四規則，每個成員都可自由提出個人的構想，自由發言的會議。

不過，這類會議實在不適合思想保守，與過度依賴他人，不認真思考的人。

因此，實行時應留下腦力激盪自由構想的優點，排除可能發生的缺點。

②腦力點燃法

這個方式的推動方法如下：

每六個人一組，選擇一個安靜的房間，將桌子排成圓形就座，領導者儘可能具體提示主題。

向各成員分發圖表②模式的單子，每個人構思領導者指派的主題，在Ｉ的ＡＢＣ欄中，各填寫一項，總計三項，這些工作必須在五分鐘之內完成。

填寫完畢，各成員將單子交給左鄰座者，接著取出右鄰座者填寫的單子，整理成為ＩＡ、ＩＢ、ＩＣ的方式，如此也將發展出更多的構想。同時填入ⅡＡ、ⅡＢ、ⅡＣ的表中，

欲產生任何構想，必須自己努力構思

使構思如泉湧的方法

①腦力激盪四規則

- 決不批評他人發言
- 歡迎異想天開的發言
- 發言次數越多越好
- 即使附和他人構想的說法也同樣歡迎

②

主題：使新產品○○銷售倍增的方法			
	A	B	C
I	免費分送客戶	在全國性報紙刊登全版廣告	送禮給行政院長
II	免費分發給市鎮村長	買下全日電視廣告時段	送禮給股票上市公司董事長
III			
IV			
V			
VI			

◎所謂腦力點燃法，是在五分鐘之內，提出三構思的方法，由六名成員進行六次的作法

這工作同樣須在五分鐘之內完成。

六個人各進行五分鐘，一起在單子上填寫三個構想，共同進行六次，才算結束第一局。

這同時也顯示，在此一循環三十分鐘內，可產生一〇八個構想（六個人×三構想×六次）。

在第一回合結束後，每個人都必須評估手邊的表格內容，並選出五個構想，進行全員表決、評估。

某些主題還可能發展至第二、第三回合。

12 開發創造力

你是否有過如下的經驗：

●夜晚突然在睡夢中醒來，突然靈光乍現，或回想起重要的事情。

●如廁時發生上述的經驗。

●在通勤途中產生如上經驗。

這類現象，並不是每日都可經歷的，回想看看，這是不是前日發生如下事情，所引發的現象。

●面臨申訴案件，卻苦思無良策，持續思索數日的情形。

●難以達到促銷目標，整日為之苦惱不已。

●上司或客戶口不擇言，在你腦海中流下深刻印象，使你決心要好好表現一下。

只要滿足這些條件，就可能產生本文最初提及的構想，也就是瞬間創造力的開發。根據以上的經驗，可列舉下頁圖示創造力開發的主要條件。

①迫切感

這是引出構想的最大動機。「窮則變、變則通」、「需要為發明之母」的說法，將其中精髓表露無遺。

②投入程度

據說發明之王愛迪生，曾因過度投入發明工作，誤將懷錶當雞蛋放入滾水中。

③期　間

執行任何工作之前，都必須特定的準備時間。

④資　訊

外來資訊可促進思考，想進一步思考，必須獲得更多追加資訊。

以上四項目中，其中①②③項與開發創造力關係密切。

⑤包括責任感、好奇心、專業能力、思考力、相關知識、經驗等

這幾項對於創造力開發的關係，雖不如前述四項目的舉足輕重，卻也是不可或缺的重要因素。

就如同考前臨時抱佛腳般，壓力是不可或缺的因素

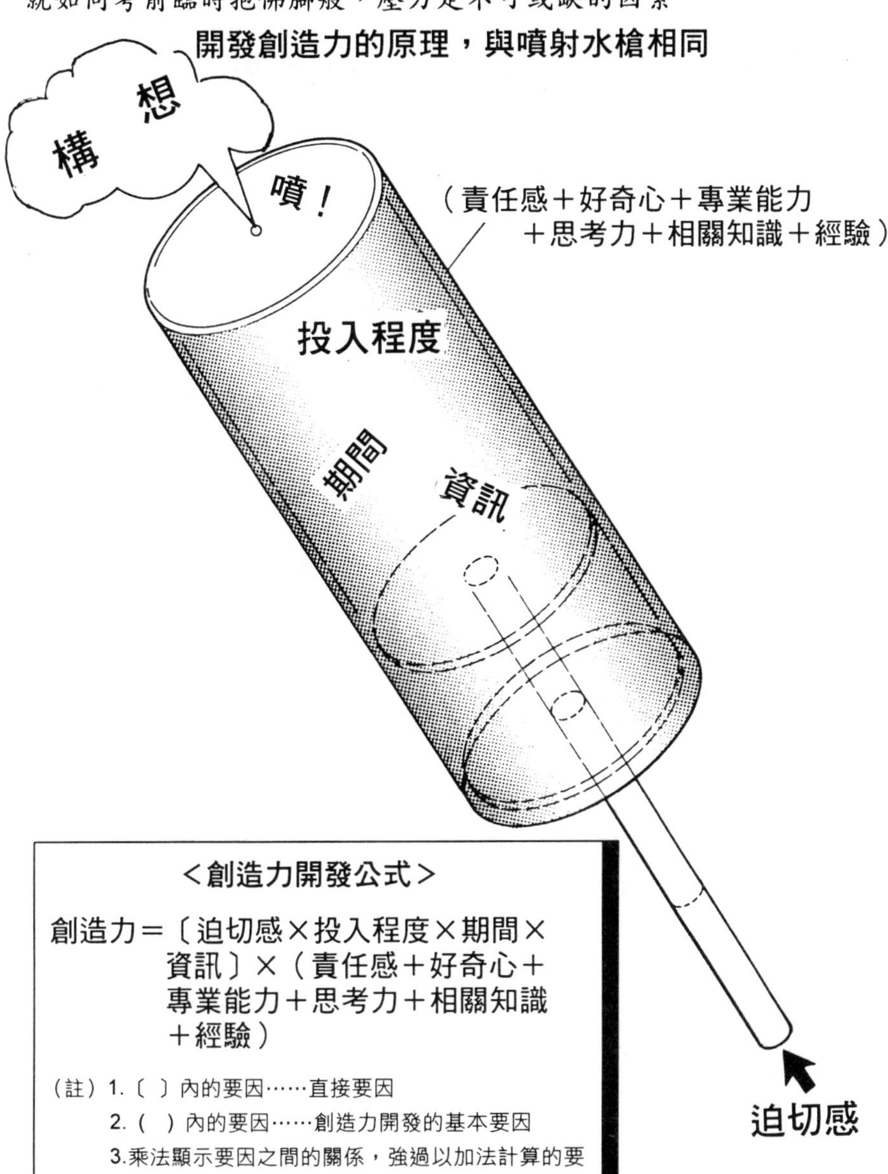

＜創造力開發公式＞

創造力＝〔迫切感×投入程度×期間×資訊〕×（責任感＋好奇心＋專業能力＋思考力＋相關知識＋經驗）

（註）1.〔 〕內的要因……直接要因

2.（ ）內的要因……創造力開發的基本要因

3.乘法顯示要因之間的關係，強過以加法計算的要因觀念

難道，只有我的公司是特殊職場嗎？

受邀參與許多企業的經營改善工作時，必須傾聽董事長以下的經營幹部報告，我發現他們的談話中，總少不了「我們公司很特別，所以執行上……」等話語。事實上，同樣的話也在主管們的進修中時有耳聞。

問題出在後續的發言，因為這樣的說法是為了解釋「因為我們公司情況特殊，所以無法按部就班執行」以這樣的藉口，推托自己未實行、努力的狀態，企圖避免提及努力不足的言論，這樣的情況占絕大多數。

這樣的言詞本身並沒有錯，每個人都認為是世界上的一個個體，以世上獨一無二的主管，管理一個世界獨一無二的部屬，還不至發生問題，因為這是世上「獨一無二的職場」。

多數的原理、原則，或應有的理想，都是由企業、職場列舉出的共通事項整理而成。所以，多數職場都以「大綱可以妥協、細節決不讓步」的態度處事。之後的局面可略分為二種，前者在大綱部分妥協，仍努力實踐原定的理想目標。後者則著重於不妥協的細節部分，自然也無法實踐理想目標，之後再依狀況展開大型區分的方法。

理想的作法，很顯然是前者。因為如後者採取的姿態「全世界獨一無二的職場，必須搭配量身訂製的作法」，除非自行開創作法，否則理想將永遠遙不可及。在競爭激烈的企業圈中，唯有腳踏實地，將理想形象導入自己職場中，並努力排除不適用的部分，才能使企業經營力獲得成長。

第七章 經營管理運用組織

1 組織化產物

筆者應邀擔任多家企業的主管教育講師，每次開始講課前，我都會要求聽講者自我介紹。

	劣等	普通	優秀
經營者	運用300人從業員，只完成300人份以下的工作量	運用300人從業員，只完成300人份的工作量	運用300人從業員，完成300人份以上的工作量
主管者	運用5人部屬，完成5人分以下的工作量	運用5人部屬，完成5人分的工作量	運用5人部屬，完成5人分以上的工作量
業績	↘	→	↗

在聽過許多人的自我介紹後，我發現一個有趣的現象，領導眾多部屬的主管，總是不斷誇耀自己領導的部屬人數；相反的，領導部屬人數較少或沒有部屬的人，不是刻意避免提及，就是三言兩語草草帶過。

猶有甚者，更以「雖然我只有一名部屬，但在其他相關部門，卻有五人聽命於我的指揮」的言論，企圖擴大自己的權勢。

領導部屬人數眾多，並不與功高勳偉劃上等號。每位主管最值得驕傲的部分，應該是如何活用部屬的能力，達成高水準的目標。

事實上，部屬的工作品質，似乎仍無法與主管能力相提並論，因此，多數人仍企圖以部屬人數多寡，使人留下深刻印象。

著名的派金遜定律，即一針見血點出其中奧妙（參看上圖表）。派金遜定律以組織本質進行探討，同樣也適用於民間企業，由於性質與公家機關不同，必須靠自己賺取薪水，以致無法見容大幅推展派金遜定律，此時，可將此

組織主管的天職就是使組織運作正常

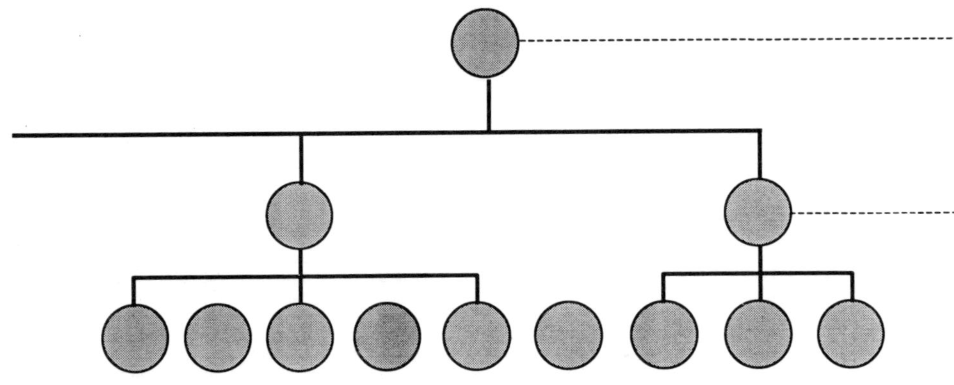

<單元解說>

● 派金遜法則

○官員期待部屬人數增加，卻不希望出現勁敵。
○官員往往官官相護，以便從事抬面下的工作。
○官員人數與工作量輕重無關，有時即使超出負荷仍以固定比例增加。

一定律，改以組織化形態進行。

組織中的成員，每日忙碌的工作著，究竟他們的工作量如何。事實上，無論工作量多寡，每個月企業仍須按時支付人事費用。

這件看似無關緊要的事情，往往與企業的維繫生存有關，有時只在一個不留心，原本穩定成長的生產量，忽然就轉為赤字。

身為組織的主管，就必須運籌帷幄，使成員均能適得其所。而如何無須強迫員工加班，卻又能使五名部屬，完成五人份以上的工作量，就是各組織主管必須用心克服的問題了。

2 推進相關部門的協助關係

多數人都有努力完成組織派任給自己工作的使命感，這樣的想法，對組織而言是相當重要的。例如○○課的課員都努力想完成個人的經辦業務，課長也相當用心管理，○○課的工作如期完工，一切都在掌握之中。假若○○課完成了工作，卻比原先的工作計劃延遲許多，必須將工作移交給後續工程職場。這時，接手後續職場，自然無法認可「○○課的工作任務完整達成」的說法。

在相關職場的協助關係中，下游職場的顧慮常常是一大阻礙。因為下游職場眼見上游職場的工作，未按計劃交棒，這將使自己接下來的工作更加棘手。

又如何在與上游職場交涉的過程中，雙方不致傷了和氣；上游職場則認為自己的工作已經交棒，事不關己，自然不會多費心思。

如此一來，我們不難發現，這類必須企業整體合作的工作，鮮少順利完成。為此，筆者整理出如下幾項對策：

①下定決心不啟用後續工程

透過品管小組的活動，強調「後續工程直接由顧客負責」的觀念，每個人都致力於改善自己的工程品質，避免造成後續工程者的困擾

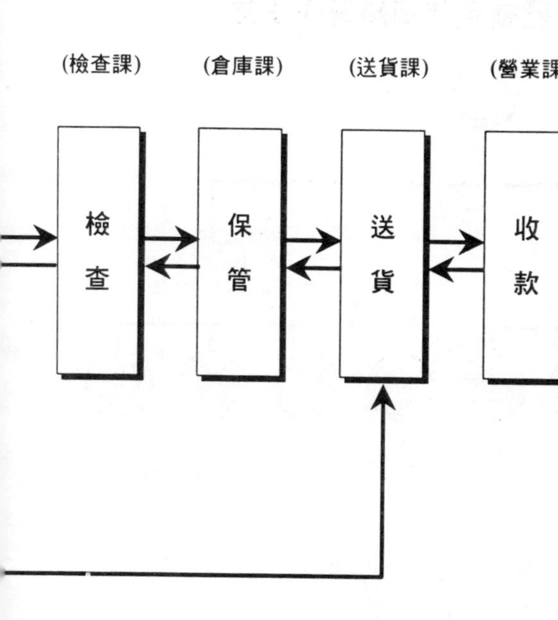

工作必須超越組織隔閡才流暢

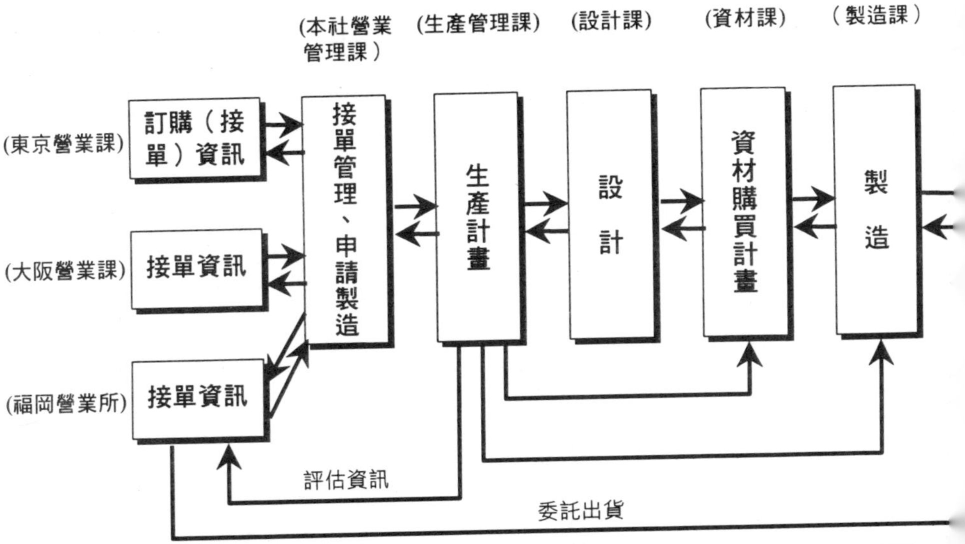

(本社營業管理課)　(生產管理課)　(設計課)　(資材課)　(製造課)

(東京營業課) 訂購（接單）資訊
(大阪營業課) 接單資訊
(福岡營業所) 接單資訊

接單管理、申請製造
生產計畫
設計
資材購買計畫
製造

評估資訊
委託出貨

＜單元解說＞

○組織間的隔閡越薄越好，但實際狀況往往不如己願。
○儘可能排除組織隔閡。
　可嘗試廢止分課制或改集團制。
○組織隔閡過大，嚴重的隔閡＝本位主義。

。這項工作的重點，是向全體成員灌輸正確的觀念。

②建立制度

組織建立相互協助的制度。例如，在每週星期一上午，組織間舉行會報，交換該星期獲得的資訊或預定消息，再研究如何運用於實務上。

③各組織長官頻繁溝通

運用②建立的制度，必須雙方單位的人員配合實行，同樣雙方單位主管的想法，以及意志溝通良好與否，將造成最直接的影響。

3 適時活用專業能力

目前許多工作無法按照從前營業或製造程序，由上而下的縱向處理。例如業務員、系統工程師與生產工程師未建立良好的合作關係，許多工作將可能因此停擺等。

站在企業的角度來看，現在已無須拘泥於原先固定的組織，而改採活用專家辦理適當案件的彈性作法。

以下列舉活用計劃小組的重點。

①招募對企業小組計劃有理想、有熱情的專家小組

要件內容可分為如下二種：

第一、慎選專業能力優秀的專家。一般的情況多為運用最低限度的人員，達成既定目標。因此，使人員菁英化是一大重點。

第二、對達成此一課題擁有相當的熱情。任何專家即使能力再優秀，卻缺乏完成工作的熱情，自然無法完全發揮才能。

②將權限交與領導者

例如，身為一個組織活動領導，卻無法裁決組織費用，這樣的小組，自然無法順利執行工作。身為一位領導者，被交付非達成某任務不可的責任時，必須先說明自己所需的責任權限。

③既存組織的積極協助

既存組織由於負責固定業務，有時無法提供額外協助。

因此企業經營者、廠長等上級主管，應向員工強調、重視既存組織的存在，同時灌輸既存組織提出支援的重要性。

④積極宣導計劃小組從事的活動廣告

平日即計劃性從事計劃小組的活動狀態，較容易獲得相關單位的協助。

上述的注意事項，不僅適用於計劃小組，也可活用於工作相關課、股共同作業之時。

雖然聚集專業人員可產生強大威力，但難達成共識卻是一大缺點

三個臭皮匠，勝過一個諸葛亮

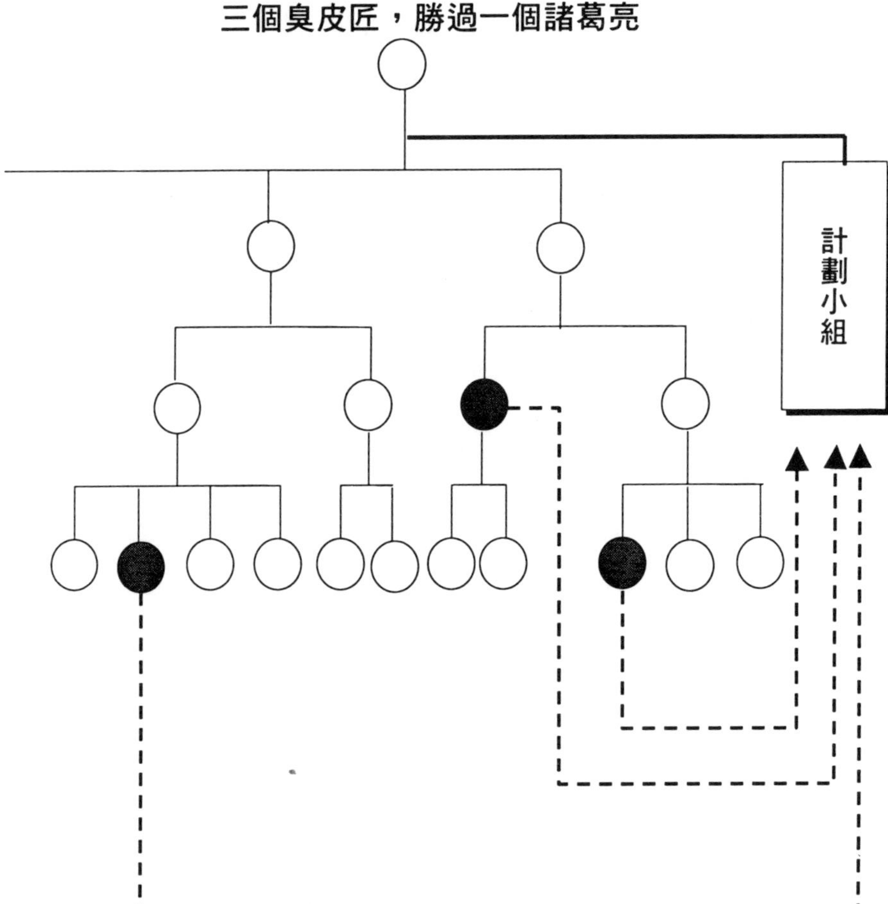

<單元解說>

何謂計劃小組

為達成某特定課題（例如新產品的開發），召集此一課題相關人士，編制成一臨時組織。原則上，此一小組在達成任務之後即解散，與機動部隊（Task Force）同含意。

4 領導者應具備的能力

日本經濟新聞在每週一的早報，都有一個名為「領導群像」的連載專欄，內容記錄了股票上市公司及大企業的經營陣容、結構和政策決定方式。記得其中曾有一篇文章，是某大企業的董事長，以「何謂領導統御」為題，發表的一篇小型記事。

任何一個企業的董事長，不僅都是激烈升遷戰爭中的贏家，也可說是超級菁英領導者，由他們已身的經驗，來談領導統御的理論，真是再適合也不過了。

筆者則將多位董事長的領導統御論，整理成左圖表的形態，筆者儘可能保留原文，以增加各位閱讀的臨場感，以下進行要點說明。

筆者認為，領導統御可說結合領導者本人的能力、人性魅力，再配合部屬的信賴關係等三者的組合。顯然多位董事長將此視為當然之事，未在文章中加以贅述，不過有此基礎之後，再配合領導者發揮專業範圍的實力，即達成預期績效。

在此有以下注意事項：

第一、專業範圍績效越高越理想。關於這點，反覆自省時最明白。

第二、獲得部屬的信賴感。欲取得他人信賴，必須取得值得他人信賴的業績，並小心維持得來不易、失之輕易的業績。

第三、領導者能力內容三大項，分別是「使部屬團結的力量」「創造使部屬個性與能力高度發揮的環境」「展望構想力」等三大項，再配合「與部屬溝通活潑化」的能力為主幹。此外，「人才培育力」也是不可或缺的部分。

只要依照上述方式客觀檢討，再配合本身努力不懈的成長優點，必能早日改善領導統御術。

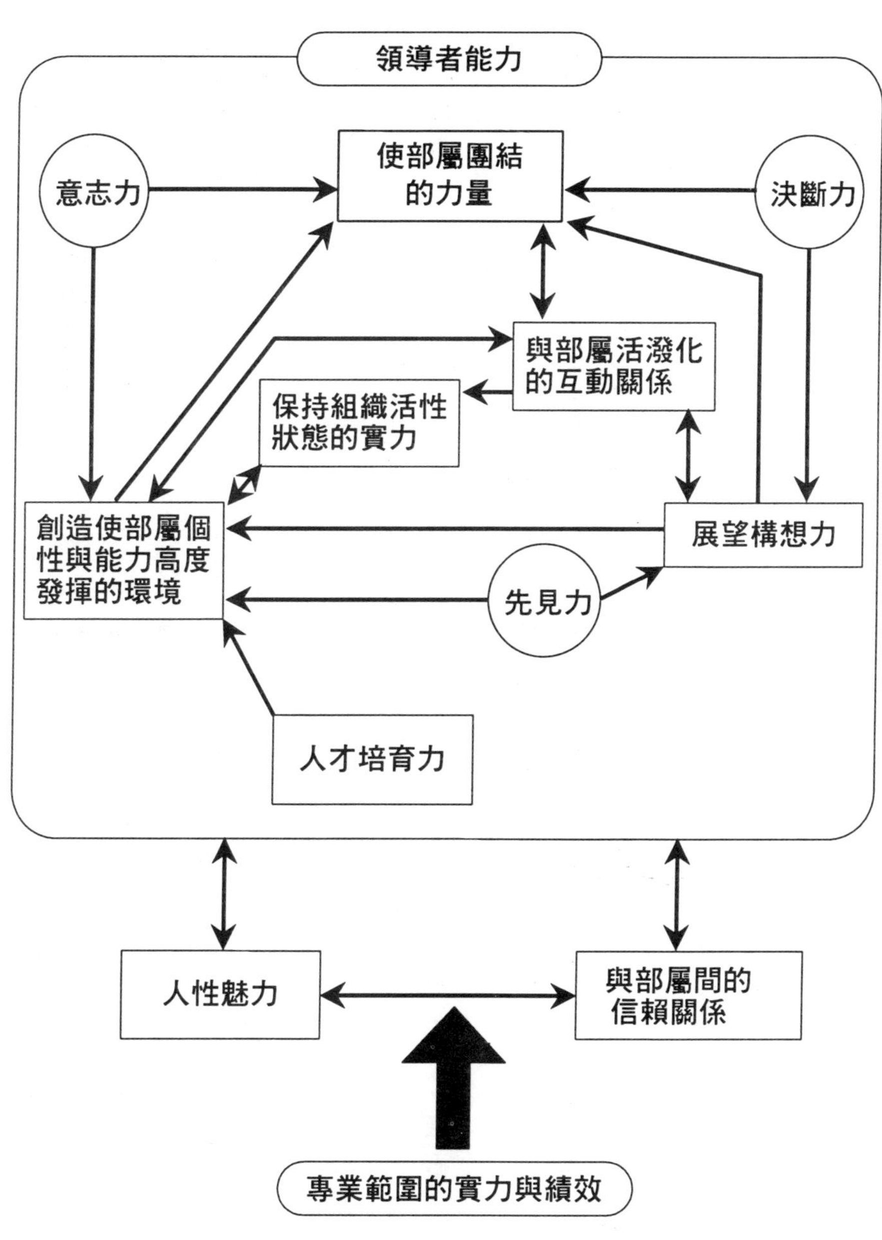
領導者能力
使部屬團結的力量
意志力
決斷力
與部屬活潑化的互動關係
保持組織活性狀態的實力
創造使部屬個性與能力高度發揮的環境
展望構想力
先見力
人才培育力
人性魅力
與部屬間的信賴關係
專業範圍的實力與績效
(註) →……表示因果關係 ↔……表示相互影響的關係

5 領導統御類型①

在此由領導統御的研究報告中，選擇最具代表性的部分加以說明，即使認為「我對領導統御已有透徹了解」者，也不應錯失本章和下一章的精采分析。

①PM理論

前九州大學教授三隅二不二先生，將領導者的機能一分為二，形成「PM理論」。他主張的第一機能，就是完成團隊目標的功能，稱為「P（Performance）機能」，另一種是維持團隊的功能「M（Maintenance）機能」。透過PM二種機能的強弱組合，可分為圖表①的四種領導統御類型。

PM型＝P機能與M機能都強，是最理想的狀態。

Pm型＝P機能強、M機能弱。可締造短期的業務佳績，長遠來看卻難成功的類型。

Mp型＝P機能弱、M機能強。僅次於PM型，適合長遠路線。

pm型＝P機能與M機能都弱。屬於不及格類型。

②TMG理論（The Managerial Grid）

前德州大學教授R・Break與J・Mooten，曾經組合「著重業績」與「著重人性」二主張，將主管的管理方式，分為如下五種管理刪極（The Managerial Grid）理論（圖表②）。

9・9型＝既重視業績，也重視人性，是理想的管理類型。

9・1型＝對業績關心度高，對人性的關心度卻顯著偏低，屬於權力、嚴厲型。

5・5型＝對業績與人性採取妥協姿態的小市民型。

1・9型＝對業績關心度低，卻相當關心人性問題，屬於江湖義氣型。

1・1型＝對業績與人性都欠關心，屬於無責任型，同時也是最差勁的主管。

這兩種理論將領導統御的基本結構，分為工作與人性二範圍，透過基本範圍的水準分析、組合，來解釋並加以區分領導統御理論。

各種領導統御類型

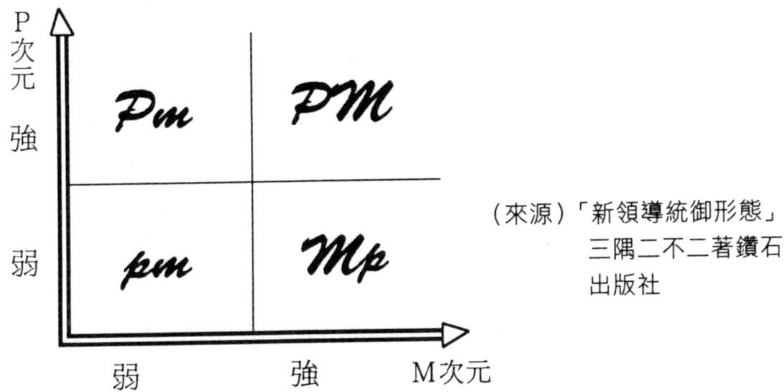

②管理刪極
(The Managerial Grid)

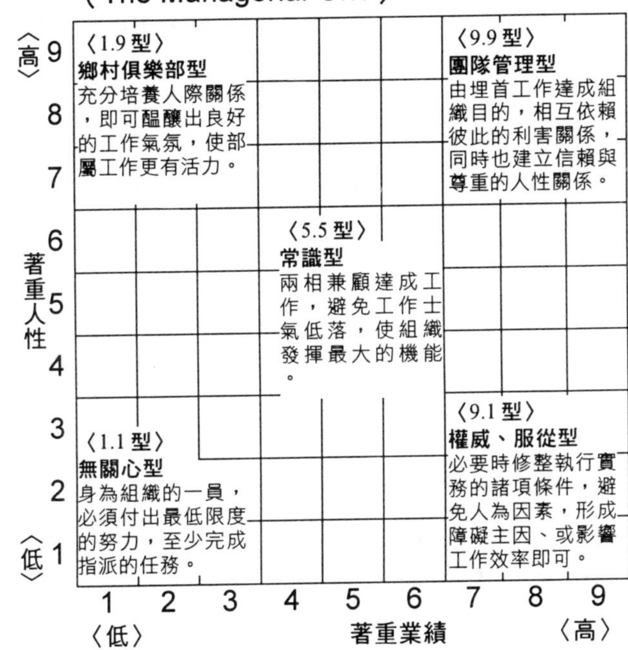

(來源):「新・期待中的主管形象」
R.Break與J.Mooten著　田中敏夫、小宮山澄子譯　產能大學校刊

6 領導統御類型②

為求領導統御得當，必要時需善用順應情況的策略，成功將此一想法理論化，就是美國學者P・Hercy與K・H Blan Charol主張的SL理論（Situational Leadership：順應現況的領導統御論）。

此一理論主張有效的領導統御，必須採用順應當時狀況的領導方式。當時狀況與部屬、組織、職務等有關，但此一理論卻將重點鎖定於完成（個人與集團）成熟度（Maturity），再整理出相關領導統御應有的作法。

根據他們主張的理論，筆者整理出左圖表型態，將領導統御內容略分為指示性行動與協調性行動。

指示性行動，就是將工作分配給部屬，適時給予指導，使工作得以順利進行的管理機能。

協調性行動，傾聽所有部屬的意見，採取易與部屬維持良好關係者。

兩大行動的高低組合，同樣可將領導行動分為四種，形成部屬成熟度與組合結構的理論。以部屬成熟度為基準，如果與鍾型曲線形成交叉點，就是對部屬最有效的領導統御方式。

理論上的理想型態是鍾型曲線，實際狀態如左圖表所示，結果將沿曲線產生某一幅度。

●M1的情況（部屬成熟度低）

領導者應提高指示行動（例如更仔細指導部屬工作），減少協調性行動（例如減少讚美），採取親近（S1）而嚴肅的領導方式。

●M2的情況

指示性行動較M1更差，但應提升協調性行動頻率，屬加強說服性（S2）領導方式。

●M3的情況

指示性行動要比M2更低，屬於應提升協調性行動參與型（S3）。

時時配合對方而改變，領導統御方式說變就變

部屬成熟度與領導者的形勢關係

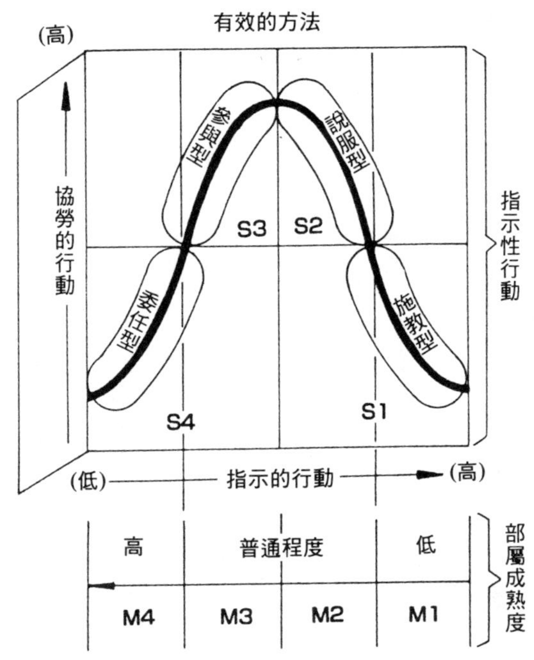

(來源)：摘自「展開行動科學」Hercy.Blanchard著　社會經濟生產力總部

●M4的情況

指示性行動最低，協調性行動也比M3低，應採取委任的方式較理想。

※　※

根據此一理論修正、補強實際經驗，即有可能進一步成為優秀的領導者。使部屬隨心所欲工作，才是施行管理的最終目的，這同時也是支撐領導統御管理力的重要力量之一。

7 今後領導統御趨勢

主管受上司領導統御，改向部屬與晚輩執行領導統御來推動工作。

如果一切情況，都能針對上司或相關職場的顧客情況，進行領導統御工作，所有的工作都將輕鬆不少。這樣的美夢是否能夠成真，端看你如何設想實現。

向上司取得領導統御的具體方案後，首要工作是積極提出建議。

只是這個建議必須具備如下設想，才能使對方更容易採納。

①創新構想

如果能提出讓對方意想不到的構想，任何人都會欣然接受你的建議。

②內容包含有利對方的建議

無論你的構想多麼精采，如果完全只為自己著想，對方自然難以採納你的建議。試著為對方著想，提出也有利對方的建議吧！

③配合能使對方超越障礙的構想

其中如果包含能使對方排除障礙的因素，對方必能敞開心胸，完全採納你的建議。

或可再配合避免對方遭受風險的對象。

④讓對方居功

每個人都有功利心。如果這個提案獲得採納，並得到預期成果，卻只有你一個人居功，對方說什麼都不會採納這個建議。

試著轉變一下，讓對方居功，你的提議必能立即獲得接納。

⑤滿足對方本位主義的心態

每個人都以自我本位為思考中心，但在提出建議時，無論心中想法如何，在進行協商與文字表現時，都應避免本位主義色彩濃度，而應改以滿足對方的本位主義，將使對方更容易同意你的建議。

對部屬與晚輩而言，一般的領導統御就足夠了嗎？

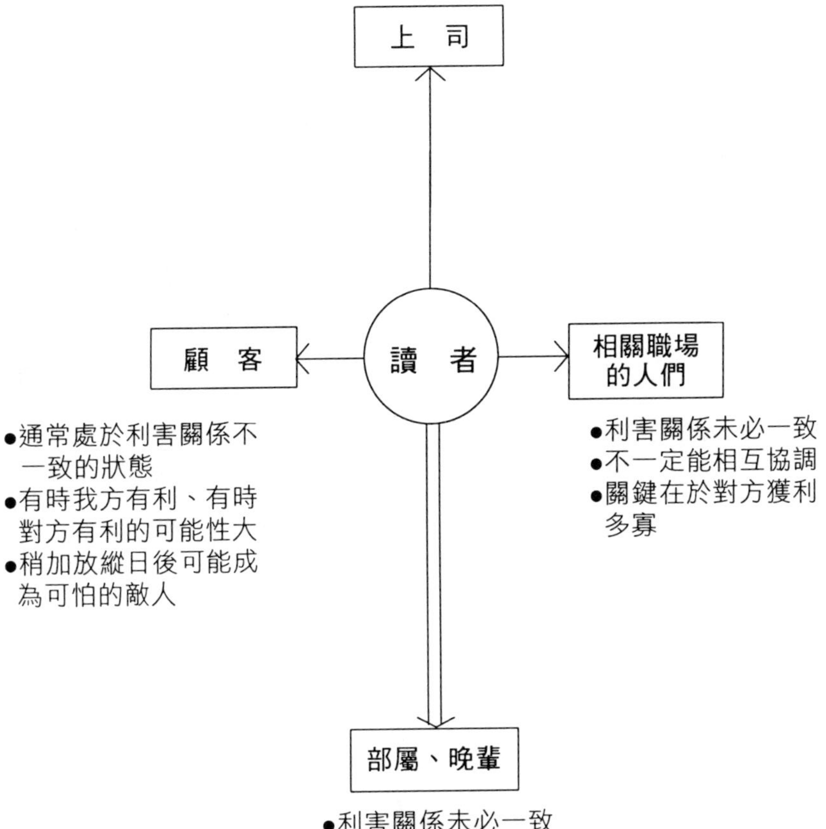

8 上班族必備的創業能力

從前的人總認為「上班族是個輕鬆的行業」。未料近幾年經營環境的大幅改變，只當一個平凡無奇的上班族，似乎將難以生存下去。今後的上班族，勢必具備如下的創業能力，才能使自己在急速進步的環境中生存。

如左圖表所示，筆者歸納出幾項構成創業能力的主要因素，並依序說明重點。

①展望構想力

這是指對未來是否有先見之明，依照自己想法描繪出一個藍圖（展望），並以此為基準執行。有的人描繪的藍圖範圍很廣，有的人的藍圖小或開朗而平凡。

無論如何，只要描繪出深具魅力的藍圖，不久的將來即會出現贊助者或追隨者。

②革新力

一個人描繪出的未來藍圖，如果頗具巧思或有與眾不同的魅力，必能成功吸引他人。如果總是千篇一律，難有突破，自然也難被他人接受。

③人　性

一個人如果沒有人性魅力，即使能力再強，也會因缺乏支援、追隨者而失敗，甚至還可能引發招人反感的危機。

④健　康

凡事依照上司指示，只會例行公事的上班族，與明確顯示自己想法，努力表態付諸實行的企業內實業家，都將遭受組織排斥，遭遇重重阻礙。唯有具備強健的身心，才能成功超越障礙，承受精神壓力。

⑤信　用

前述圖中將信用當作「plus one」，排除在諸能力之外，因為信用屬於他人賦予。在組織中興起創業行動，必須配合他人的協助，他人的協助來源，端看能獲得他人多少信任而定。

身為上班族應具備的創業能力與分支的主要能力

①黃金六角形 plus one

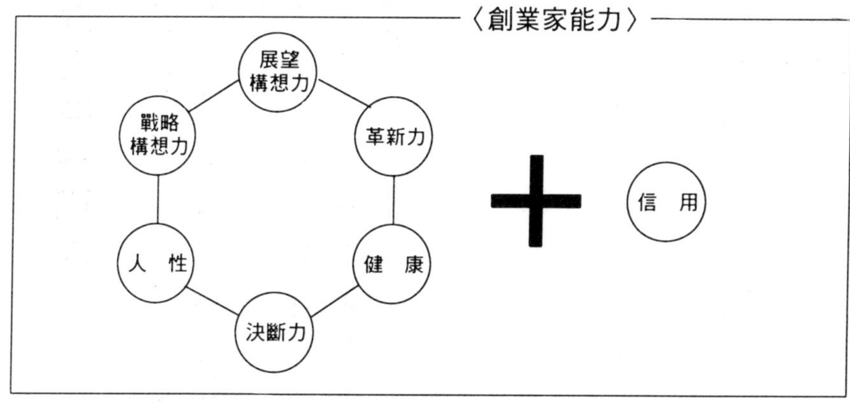

②上班族應具備的創業能力之主要項目

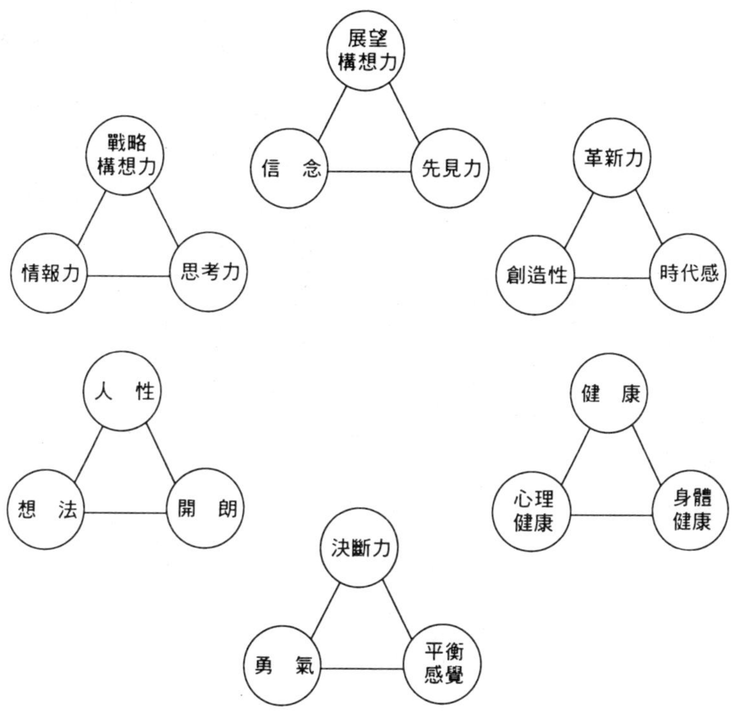

9 改善職場體質

許多昔日風光的一流企業，近年來卻面臨經營績效不如理想的命運，這究竟是什麼原因造成的呢？

簡單的說，這是因為經營戰略運用不當所致。基本原則就是以下將說明的組織體質。

①一流意識

雖然公司已非往日，處於經營巔峰狀態，或已在衝刺中略顯疲態，卻仍眷戀昔日光彩，無法忘懷。

②保守主義

也可改稱尊重前例主義、維持現狀主義。如果能成為急流中的中流砥柱，或許能使維持行動輕鬆許多。假如跟不上時代潮流，遭到淘汰也是必然的結果。

③權威主義

姑且不論思想本身是對是錯，一切端看提出此一想法者的位階，也就是課長比股長權威，經理較課長權威，一切聽從上位者的指示，這同時也是怕事者慣用的主張。

④形式主義

例如，表格未依規定，即不受理等，過度重視形式的作法，往往無法期待員工擁有臨機應變的能力。

- 年資型／實力主義
- 不成比例／認為正確的事情就堅持到底
- 減分主義／加分主義，等

- 人手不足／工作不少
- 工作有起伏／大致平穩
- 固定比率／良好，等

同時改變許多人的想法，談何容易？

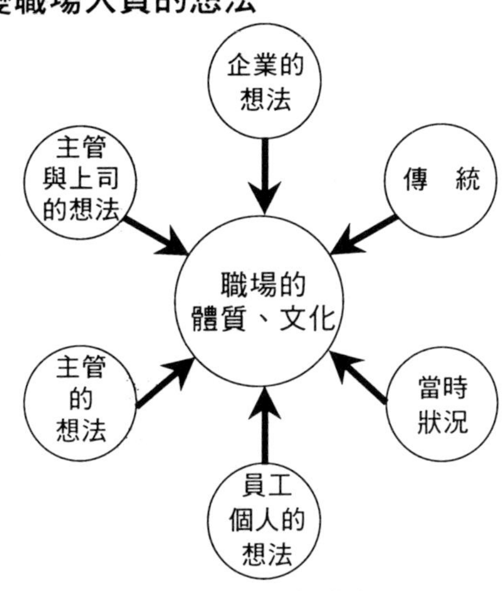

- 保守的／革新的
- 基本想法明確／不明確
- 基本重視型／追求時尚型，等

- 權威主義／是非主義
- 強調原則／務實
- 擔負部屬執行工作的責任／不負責，等

- 八面玲瓏／牢不可破的自我意識
- 欺弱扶強／關照下屬
- 優先考量自我出路／有職場第一的想法，等

- 無精打采／充滿意願
- 本位主義／協調性
- 消極性／積極性，等

⑤減分主義

犯下任何錯誤，就立即遭受負面評價，有人因此依循前例處事，以求平穩度日。擁有這類想法的人，可說每個組織中都有，只是程度差異的區分而已。身為組織的主管或上級員工，都應努力改善所屬職場體質或文化面的弱點。

影響職場體質、文化要因的重點，整理如上圖表所示。

在眾多要因中，不難發現職場的基層主管與上級主管最具影響力，如果您身為主管，就應儘可能使職場體質、文化更明確化。

如果您身為一般員工，也希望你能勇於提出建言，並努力實踐、執行，這就是經營管理的最終目的。

10 抬轎者與搭便車的人

你是否曾聽說過「二、六、二的原則」，這是個經驗原則，將所有集團的成員結構，分成如下的經驗定律。

●最初二成　提出構想、發揮領導統御功能的集團領導者。

●六成　無法親自發揮領導統御功能，追隨前二成的領導，落實行動者。

●最後二成　得分低於集團平均點，嚴格說起來，他們是集團的負擔。

仔細觀察學生時代的同學，或同期進入公司的人員，其正確比例多半是接近二、六、二的比較。

將泡沫經濟時代的經營方針，改為著重職場績效的提升方面，只須將焦點對準（六＋最後二成）統合性員工教育，同時進行壓抑最初二成的減分主義的考核方式。

近年來，隨著經營環境的改變，原先的統合性想法遭受嚴重考驗。此時，不如活用獨特的創意形態想法，這同時，也可能是未來的主要趨勢，筆者建議各位職場工作者儘速謀求以下對策：

①推薦有創意的想法

從前為避免「樹大招風」，多數人在團隊中努力壓抑自己的想法，今後則必須發展「樹大招風」，顛覆固有想法。

②仔細執行指導培育工作

為配合新觀念的實行，「因材施教」勢在必行，身為主管必須仔細執行指導、培育工作。

③仔細評估

未來的經營環境，已無法輕鬆背負近二成的「包袱」，因此，更應努力評估職場人員，同時個別指導也將更具必要性。

「即使我偷懶，神轎（企業）也不會因此崩塌」是要不得的想法

看，吊在轎桿上的人真輕鬆

高聲加油、直到聲音沙啞	滿頭大汗、努力扛轎	吊在轎尾、依附他人真輕鬆
2	6	2

2 : 6 : 2

〈搭便車型態樣本〉

1. 無法賺得月薪三倍附加價值者（參看第四章）。
2. 熱心主張自我權利，執行卻欠熱心者。
3. 批評現狀，卻無法提出改善方案者。
4. 滿口大道理，卻從不付諸實行者。
5. 不善待企業機械設備、物品、錢財者。
6. 不尊重時間的人（包括缺乏時間觀念、工作進度落於標準以下）。
7. 上班時間無法集中精神工作者。
8. 令上司束手無策的人。
9. 缺乏責任感。
10. 沒有自己的想法，八面玲瓏的好好先生。

11 使員工適得其所

有的人看來一副聰明相，卻讓人覺得難以親近，這樣的人多半身型修長；相反的，看來平易近人、個性敦厚者，多為身型肥胖者。一般人覺得胖的人易親近，瘦的人難相處，可見個性與體型有著某程度的關係。

筆者根據自己的經驗，大致掌握職場人員的體型特徵，與個人性格特性之間的關係。

德國精神病學者克里奇曼（Kretschmer），曾深入研究精神分裂症與躁鬱症患者，並提出相關學說。

姑且不提他難懂的學說，筆者依照自己的經驗，歸類、整理出左圖表三種類型。

事實上，每個人都是由這些模型的主樣本或特性組合而成，只是完全屬於哪一種類型的人，實際上相當罕見。

不過，比起從前毫無根據，只能茫然觀察一個人的性格與特性，這個方式要先進許多。

①清瘦細長型

這類型的人適合從事研究開發、技術、企劃工作。他們不受傳統束縛，總能提出創造性想法，適合擔任參謀等 Number Two 的角色。

②肥胖型

這類型的人適合營業、生產管理等類型的工作，善於交際，並懂得從工作中尋找樂趣，勤於活動身體，卻不以為苦的類型。不僅關懷他人，也懂得照顧他人，每個人似乎都依賴他。適合擔任組織之長，或職場夥伴的領導者。

③肌肉型

這類型的人適合從事會計、法律工作，從事依照規則、有條不紊。主要特性是中規中矩，做事有耐心而確實，可活用這些特點，讓對方從事適當的職務。不要期待他們擁有創造性構想或革新行動，他們不適合擔任組織首長，卻適合擔任掌櫃的職務。

將全世界的人，分為三種類

體型與特性的關係

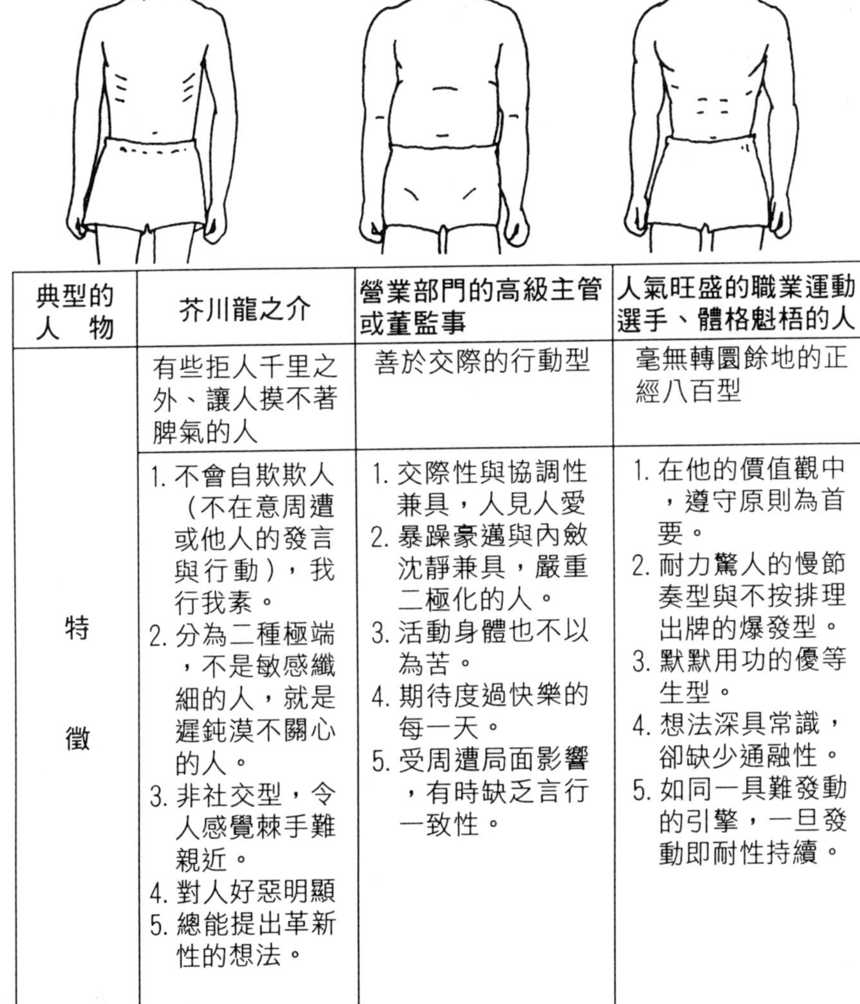

	細長型	肥胖型	肌肉型
典型的人物	芥川龍之介	營業部門的高級主管或董監事	人氣旺盛的職業運動選手、體格魁梧的人
特徵	有些拒人千里之外、讓人摸不著脾氣的人	善於交際的行動型	毫無轉圜餘地的正經八百型
	1. 不會自欺欺人（不在意周遭或他人的發言與行動），我行我素。 2. 分為二種極端，不是敏感纖細的人，就是遲鈍漠不關心的人。 3. 非社交型，令人感覺棘手難親近。 4. 對人好惡明顯 5. 總能提出革新性的想法。	1. 交際性與協調性兼具，人見人愛 2. 暴躁豪邁與內斂沈靜兼具，嚴重二極化的人。 3. 活動身體也不以為苦。 4. 期待度過快樂的每一天。 5. 受周遭局面影響，有時缺乏言行一致性。	1. 在他的價值觀中，遵守原則為首要。 2. 耐力驚人的慢節奏型與不按排理出牌的爆發型。 3. 默默用功的優等生型。 4. 想法深具常識，卻缺少通融性。 5. 如同一具難發動的引擎，一旦發動即耐性持續。

難道這就是領導統御

遵從上司指示，使上司充分領導統御的情形下，部屬的心情如何？

其中一種會格外提起幹勁，相反的，則是幹勁全失，卻仍遵從上司指示完成工作。目前多數的職場人員，屬於這種類型。

第二種是企業委任平日就想執行的工作任務，為此幹勁十足。

第三種就是心不甘、情不願，陽奉陰違執行任務的情況。

筆者將部屬的心情粗分為三種，表面上看來，無論發生任何情況，都應遵從指示。事實上，其中隱藏領導上班族的陷阱。以前述三種情況為例，內心並不想做，但接獲上司指示，卻不得不執行。

這樣的服從是口服心不服，部屬也未全然接受上司的領導統御，只是受到上司權位壓迫，必須服從。

許多管理者眼見部屬反覆依照自己的指示工作，人性的弱點就逐漸顯露，陷入自以為充分發揮領導統御功能的錯覺，對部屬頤指氣使。

身為主管或上級員工，應客觀審視部屬與晚輩，是否真心實行自己的領導統御工作，還是只屈服於自己的權位之下，並時時改善指導力，才是最理想的領導統御模式，也是最值得推薦的經營管理力量。

大展出版社有限公司　圖書目錄

地址：台北市北投區(石牌)
致遠一路二段 12 巷 1 號
電話：(02)28236031
28236033
郵撥：0166955～1
傳真：(02)28272069

・法律專欄連載・電腦編號 58

台大法學院　法律學系／策劃
法律服務社／編著

1. 別讓您的權利睡著了 1　200 元
2. 別讓您的權利睡著了 2　200 元

・秘傳占卜系列・電腦編號 14

1. 手相術　淺野八郎著　180 元
2. 人相術　淺野八郎著　180 元
3. 西洋占星術　淺野八郎著　180 元
4. 中國神奇占卜　淺野八郎著　150 元
5. 夢判斷　淺野八郎著　150 元
6. 前世、來世占卜　淺野八郎著　150 元
7. 法國式血型學　淺野八郎著　150 元
8. 靈感、符咒學　淺野八郎著　150 元
9. 紙牌占卜學　淺野八郎著　150 元
10. ESP 超能力占卜　淺野八郎著　150 元
11. 猶太數的秘術　淺野八郎著　150 元
12. 新心理測驗　淺野八郎著　160 元
13. 塔羅牌預言秘法　淺野八郎著　200 元

・趣味心理講座・電腦編號 15

1. 性格測驗① 探索男與女　淺野八郎著　140 元
2. 性格測驗② 透視人心奧秘　淺野八郎著　140 元
3. 性格測驗③ 發現陌生的自己　淺野八郎著　140 元
4. 性格測驗④ 發現你的真面目　淺野八郎著　140 元
5. 性格測驗⑤ 讓你們吃驚　淺野八郎著　140 元
6. 性格測驗⑥ 洞穿心理盲點　淺野八郎著　140 元
7. 性格測驗⑦ 探索對方心理　淺野八郎著　140 元
8. 性格測驗⑧ 由吃認識自己　淺野八郎著　160 元
9. 性格測驗⑨ 戀愛知多少　淺野八郎著　160 元
10. 性格測驗⑩ 由裝扮瞭解人心　淺野八郎著　160 元

11. 性格測驗⑪ 敲開內心玄機 淺野八郎著 140元
12. 性格測驗⑫ 透視你的未來 淺野八郎著 160元
13. 血型與你的一生 淺野八郎著 160元
14. 趣味推理遊戲 淺野八郎著 160元
15. 行為語言解析 淺野八郎著 160元

・婦幼天地・電腦編號 16

1. 八萬人減肥成果 黃靜香譯 180元
2. 三分鐘減肥體操 楊鴻儒譯 150元
3. 窈窕淑女美髮秘訣 柯素娥譯 130元
4. 使妳更迷人 成 玉譯 130元
5. 女性的更年期 官舒妍編譯 160元
6. 胎內育兒法 李玉瓊編譯 150元
7. 早產兒袋鼠式護理 唐岱蘭譯 200元
8. 初次懷孕與生產 婦幼天地編譯組 180元
9. 初次育兒 12 個月 婦幼天地編譯組 180元
10. 斷乳食與幼兒食 婦幼天地編譯組 180元
11. 培養幼兒能力與性向 婦幼天地編譯組 180元
12. 培養幼兒創造力的玩具與遊戲 婦幼天地編譯組 180元
13. 幼兒的症狀與疾病 婦幼天地編譯組 180元
14. 腿部苗條健美法 婦幼天地編譯組 180元
15. 女性腰痛別忽視 婦幼天地編譯組 150元
16. 舒展身心體操術 李玉瓊編譯 130元
17. 三分鐘臉部體操 趙薇妮著 160元
18. 生動的笑容表情術 趙薇妮著 160元
19. 心曠神怡減肥法 川津祐介著 130元
20. 內衣使妳更美麗 陳玄茹譯 130元
21. 瑜伽美姿美容 黃靜香編著 180元
22. 高雅女性裝扮學 陳珮玲譯 180元
23. 蠶糞肌膚美顏法 坂梨秀子著 160元
24. 認識妳的身體 李玉瓊譯 160元
25. 產後恢復苗條體態 居理安・芙萊喬著 200元
26. 正確護髮美容法 山崎伊久江著 180元
27. 安琪拉美姿養生學 安琪拉蘭斯博瑞著 180元
28. 女體性醫學剖析 增田豐著 220元
29. 懷孕與生產剖析 岡部綾子著 180元
30. 斷奶後的健康育兒 東城百合子著 220元
31. 引出孩子幹勁的責罵藝術 多湖輝著 170元
32. 培養孩子獨立的藝術 多湖輝著 170元
33. 子宮肌瘤與卵巢囊腫 陳秀琳編著 180元
34. 下半身減肥法 納他夏・史達賓著 180元
35. 女性自然美容法 吳雅菁編著 180元
36. 再也不發胖 池園悅太郎著 170元

37. 生男生女控制術　中垣勝裕著　220元
38. 使妳的肌膚更亮麗　楊　皓編著　170元
39. 臉部輪廓變美　芝崎義夫著　180元
40. 斑點、皺紋自己治療　高須克彌著　180元
41. 面皰自己治療　伊藤雄康著　180元
42. 隨心所欲瘦身冥想法　原久子著　180元
43. 胎兒革命　鈴木丈織著　180元
44. NS磁氣平衡法塑造窈窕奇蹟　古屋和江著　180元
45. 享瘦從腳開始　山田陽子著　180元
46. 小改變瘦4公斤　宮本裕子著　180元
47. 軟管減肥瘦身　高橋輝男著　180元
48. 海藻精神秘美容法　劉名揚編著　180元
49. 肌膚保養與脫毛　鈴木真理著　180元
50. 10天減肥3公斤　彤雲編輯組　180元
51. 穿出自己的品味　西村玲子著　280元
52. 小孩髮型設計　李芳黛譯　250元

·青春天地·電腦編號17

1. A血型與星座　柯素娥編譯　160元
2. B血型與星座　柯素娥編譯　160元
3. O血型與星座　柯素娥編譯　160元
4. AB血型與星座　柯素娥編譯　120元
5. 青春期性教室　呂貴嵐編譯　130元
7. 難解數學破題　宋釗宜編譯　130元
9. 小論文寫作秘訣　林顯茂編譯　120元
11. 中學生野外遊戲　熊谷康編著　120元
12. 恐怖極短篇　柯素娥編譯　130元
13. 恐怖夜話　小毛驢編譯　130元
14. 恐怖幽默短篇　小毛驢編譯　120元
15. 黑色幽默短篇　小毛驢編譯　120元
16. 靈異怪談　小毛驢編譯　130元
17. 錯覺遊戲　小毛驢編著　130元
18. 整人遊戲　小毛驢編著　150元
19. 有趣的超常識　柯素娥編譯　130元
20. 哦！原來如此　林慶旺編譯　130元
21. 趣味競賽100種　劉名揚編譯　120元
22. 數學謎題入門　宋釗宜編譯　150元
23. 數學謎題解析　宋釗宜編譯　150元
24. 透視男女心理　林慶旺編譯　120元
25. 少女情懷的自白　李桂蘭編譯　120元
26. 由兄弟姊妹看命運　李玉瓊編譯　130元
27. 趣味的科學魔術　林慶旺編譯　150元
28. 趣味的心理實驗室　李燕玲編譯　150元

29. 愛與性心理測驗　小毛驢編譯　130元
30. 刑案推理解謎　小毛驢編譯　180元
31. 偵探常識推理　小毛驢編譯　180元
32. 偵探常識解謎　小毛驢編譯　130元
33. 偵探推理遊戲　小毛驢編譯　130元
34. 趣味的超魔術　廖玉山編著　150元
35. 趣味的珍奇發明　柯素娥編著　150元
36. 登山用具與技巧　陳瑞菊編著　150元
37. 性的漫談　蘇燕謀編著　180元
38. 無的漫談　蘇燕謀編著　180元
39. 黑色漫談　蘇燕謀編著　180元
40. 白色漫談　蘇燕謀編著　180元

・健康天地・電腦編號 18

1. 壓力的預防與治療　柯素娥編譯　130元
2. 超科學氣的魔力　柯素娥編譯　130元
3. 尿療法治病的神奇　中尾良一著　130元
4. 鐵證如山的尿療法奇蹟　廖玉山譯　120元
5. 一日斷食健康法　葉慈容編譯　150元
6. 胃部強健法　陳炳崑譯　120元
7. 癌症早期檢查法　廖松濤譯　160元
8. 老人痴呆症防止法　柯素娥編譯　130元
9. 松葉汁健康飲料　陳麗芬編譯　130元
10. 揉肚臍健康法　永井秋夫著　150元
11. 過勞死、猝死的預防　卓秀貞編譯　130元
12. 高血壓治療與飲食　藤山順豐著　180元
13. 老人看護指南　柯素娥編譯　150元
14. 美容外科淺談　楊啟宏著　150元
15. 美容外科新境界　楊啟宏著　150元
16. 鹽是天然的醫生　西英司郎著　140元
17. 年輕十歲不是夢　梁瑞麟譯　200元
18. 茶料理治百病　桑野和民著　180元
19. 綠茶治病寶典　桑野和民著　150元
20. 杜仲茶養顏減肥法　西田博著　150元
21. 蜂膠驚人療效　瀨長良三郎著　180元
22. 蜂膠治百病　瀨長良三郎著　180元
23. 醫藥與生活(一)　鄭炳全著　180元
24. 鈣長生寶典　落合敏著　180元
25. 大蒜長生寶典　木下繁太郎著　160元
26. 居家自我健康檢查　石川恭三著　160元
27. 永恆的健康人生　李秀鈴譯　200元
28. 大豆卵磷脂長生寶典　劉雪卿譯　150元
29. 芳香療法　梁艾琳譯　160元

30. 醋長生寶典	柯素娥譯	180 元
31. 從星座透視健康	席拉・吉蒂斯著	180 元
32. 愉悅自在保健學	野本二士夫著	160 元
33. 裸睡健康法	丸山淳士等著	160 元
34. 糖尿病預防與治療	藤田順豐著	180 元
35. 維他命長生寶典	菅原明子著	180 元
36. 維他命 C 新效果	鐘文訓編	150 元
37. 手、腳病理按摩	堤芳朗著	160 元
38. AIDS 瞭解與預防	彼得塔歇爾著	180 元
39. 甲殼質殼聚糖健康法	沈永嘉譯	160 元
40. 神經痛預防與治療	木下真男著	160 元
41. 室內身體鍛鍊法	陳炳崑編著	160 元
42. 吃出健康藥膳	劉大器編著	180 元
43. 自我指壓術	蘇燕謀編著	160 元
44. 紅蘿蔔汁斷食療法	李玉瓊編著	150 元
45. 洗心術健康秘法	竺翠萍編譯	170 元
46. 枇杷葉健康療法	柯素娥編譯	180 元
47. 抗衰血癒	楊啟宏著	180 元
48. 與癌搏鬥記	逸見政孝著	180 元
49. 冬蟲夏草長生寶典	高橋義博著	170 元
50. 痔瘡・大腸疾病先端療法	宮島伸宜著	180 元
51. 膠布治癒頑固慢性病	加瀨建造著	180 元
52. 芝麻神奇健康法	小林貞作著	170 元
53. 香煙能防止癡呆？	高田明和著	180 元
54. 穀菜食治癌療法	佐藤成志著	180 元
55. 貼藥健康法	松原英多著	180 元
56. 克服癌症調和道呼吸法	帶津良一著	180 元
57. B 型肝炎預防與治療	野村喜重郎著	180 元
58. 青春永駐養生導引術	早島正雄著	180 元
59. 改變呼吸法創造健康	原久子著	180 元
60. 荷爾蒙平衡養生秘訣	出村博著	180 元
61. 水美肌健康法	井戶勝富著	170 元
62. 認識食物掌握健康	廖梅珠編著	170 元
63. 痛風劇痛消除法	鈴木吉彥著	180 元
64. 酸莖菌驚人療效	上田明彥著	180 元
65. 大豆卵磷脂治現代病	神津健一著	200 元
66. 時辰療法—危險時刻凌晨 4 時	呂建強等著	180 元
67. 自然治癒力提升法	帶津良一著	180 元
68. 巧妙的氣保健法	藤平墨子著	180 元
69. 治癒 C 型肝炎	熊田博光著	180 元
70. 肝臟病預防與治療	劉名揚編著	180 元
71. 腰痛平衡療法	荒井政信著	180 元
72. 根治多汗症、狐臭	稻葉益巳著	220 元
73. 40 歲以後的骨質疏鬆症	沈永嘉譯	180 元

74. 認識中藥　松下一成著　180 元
75. 認識氣的科學　佐佐木茂美著　180 元
76. 我戰勝了癌症　安田伸著　180 元
77. 斑點是身心的危險信號　中野進著　180 元
78. 艾波拉病毒大震撼　玉川重德著　180 元
79. 重新還我黑髮　桑名隆一郎著　180 元
80. 身體節律與健康　林博史著　180 元
81. 生薑治萬病　石原結實著　180 元
82. 靈芝治百病　陳瑞東著　180 元
83. 木炭驚人的威力　大槻彰著　200 元
84. 認識活性氧　井土貴司著　180 元
85. 深海鮫治百病　廖玉山編著　180 元
86. 神奇的蜂王乳　井上丹治著　180 元
87. 卡拉 OK 健腦法　東潔著　180 元
88. 卡拉 OK 健康法　福田伴男著　180 元
89. 醫藥與生活(二)　鄭炳全著　200 元
90. 洋蔥治百病　宮尾興平著　180 元
91. 年輕 10 歲快步健康法　石塚忠雄著　180 元
92. 石榴的驚人神效　岡本順子著　180 元
93. 飲料健康法　白鳥早奈英著　180 元
94. 健康棒體操　劉名揚編譯　180 元
95. 催眠健康法　蕭京凌編著　180 元
96. 鬱金（美王）治百病　水野修一著　180 元

・實用女性學講座・電腦編號 19

1. 解讀女性內心世界　島田一男著　150 元
2. 塑造成熟的女性　島田一男著　150 元
3. 女性整體裝扮學　黃靜香編著　180 元
4. 女性應對禮儀　黃靜香編著　180 元
5. 女性婚前必修　小野十傳著　200 元
6. 徹底瞭解女人　田口二州著　180 元
7. 拆穿女性謊言 88 招　島田一男著　200 元
8. 解讀女人心　島田一男著　200 元
9. 俘獲女性絕招　志賀貢著　200 元
10. 愛情的壓力解套　中村理英子著　200 元
11. 妳是人見人愛的女孩　廖松濤編著　200 元

・校園系列・電腦編號 20

1. 讀書集中術　多湖輝著　180 元
2. 應考的訣竅　多湖輝著　150 元
3. 輕鬆讀書贏得聯考　多湖輝著　150 元

4. 讀書記憶秘訣　多湖輝著　150元
5. 視力恢復！超速讀術　江錦雲譯　180元
6. 讀書36計　黃柏松編著　180元
7. 驚人的速讀術　鐘文訓編著　170元
8. 學生課業輔導良方　多湖輝著　180元
9. 超速讀超記憶法　廖松濤編著　180元
10. 速算解題技巧　宋釗宜編著　200元
11. 看圖學英文　陳炳崑編著　200元
12. 讓孩子最喜歡數學　沈永嘉譯　180元
13. 催眠記憶術　林碧清譯　180元
14. 催眠速讀術　林碧清譯　180元
15. 數學式思考學習法　劉淑錦譯　200元
16. 考試憑要領　劉孝暉著　180元
17. 事半功倍讀書法　王毅希著　200元
18. 超金榜題名術　陳蒼杰譯　200元

・實用心理學講座・電腦編號 21

1. 拆穿欺騙伎倆　多湖輝著　140元
2. 創造好構想　多湖輝著　140元
3. 面對面心理術　多湖輝著　160元
4. 偽裝心理術　多湖輝著　140元
5. 透視人性弱點　多湖輝著　140元
6. 自我表現術　多湖輝著　180元
7. 不可思議的人性心理　多湖輝著　180元
8. 催眠術入門　多湖輝著　150元
9. 責罵部屬的藝術　多湖輝著　150元
10. 精神力　多湖輝著　150元
11. 厚黑說服術　多湖輝著　150元
12. 集中力　多湖輝著　150元
13. 構想力　多湖輝著　150元
14. 深層心理術　多湖輝著　160元
15. 深層語言術　多湖輝著　160元
16. 深層說服術　多湖輝著　180元
17. 掌握潛在心理　多湖輝著　160元
18. 洞悉心理陷阱　多湖輝著　180元
19. 解讀金錢心理　多湖輝著　180元
20. 拆穿語言圈套　多湖輝著　180元
21. 語言的內心玄機　多湖輝著　180元
22. 積極力　多湖輝著　180元

・超現實心理講座・電腦編號 22

1.	超意識覺醒法	詹蔚芬編譯	130 元
2.	護摩秘法與人生	劉名揚編譯	130 元
3.	秘法！超級仙術入門	陸明譯	150 元
4.	給地球人的訊息	柯素娥編著	150 元
5.	密教的神通力	劉名揚編著	130 元
6.	神秘奇妙的世界	平川陽一著	200 元
7.	地球文明的超革命	吳秋嬌譯	200 元
8.	力量石的秘密	吳秋嬌譯	180 元
9.	超能力的靈異世界	馬小莉譯	200 元
10.	逃離地球毀滅的命運	吳秋嬌譯	200 元
11.	宇宙與地球終結之謎	南山宏著	200 元
12.	驚世奇功揭秘	傅起鳳著	200 元
13.	啟發身心潛力心象訓練法	栗田昌裕著	180 元
14.	仙道術遁甲法	高藤聰一郎著	220 元
15.	神通力的秘密	中岡俊哉著	180 元
16.	仙人成仙術	高藤聰一郎著	200 元
17.	仙道符咒氣功法	高藤聰一郎著	220 元
18.	仙道風水術尋龍法	高藤聰一郎著	200 元
19.	仙道奇蹟超幻像	高藤聰一郎著	200 元
20.	仙道鍊金術房中法	高藤聰一郎著	200 元
21.	奇蹟超醫療治癒難病	深野一幸著	220 元
22.	揭開月球的神秘力量	超科學研究會	180 元
23.	西藏密教奧義	高藤聰一郎著	250 元
24.	改變你的夢術入門	高藤聰一郎著	250 元
25.	21 世紀拯救地球超技術	深野一幸著	250 元

・養 生 保 健・電腦編號 23

1.	醫療養生氣功	黃孝寬著	250 元
2.	中國氣功圖譜	余功保著	250 元
3.	少林醫療氣功精粹	井玉蘭著	250 元
4.	龍形實用氣功	吳大才等著	220 元
5.	魚戲增視強身氣功	宮　嬰著	220 元
6.	嚴新氣功	前新培金著	250 元
7.	道家玄牝氣功	張　章著	200 元
8.	仙家秘傳袪病功	李遠國著	160 元
9.	少林十大健身功	秦慶豐著	180 元
10.	中國自控氣功	張明武著	250 元
11.	醫療防癌氣功	黃孝寬著	250 元
12.	醫療強身氣功	黃孝寬著	250 元
13.	醫療點穴氣功	黃孝寬著	250 元

14. 中國八卦如意功 趙維漢著 180 元
15. 正宗馬禮堂養氣功 馬禮堂著 420 元
16. 秘傳道家筋經內丹功 王慶餘著 280 元
17. 三元開慧功 辛桂林著 250 元
18. 防癌治癌新氣功 郭 林著 180 元
19. 禪定與佛家氣功修煉 劉天君著 200 元
20. 顛倒之術 梅自強著 360 元
21. 簡明氣功辭典 吳家駿編 360 元
22. 八卦三合功 張全亮著 230 元
23. 朱砂掌健身養生功 楊永著 250 元
24. 抗老功 陳九鶴著 230 元
25. 意氣按穴排濁自療法 黃啟運編著 250 元
26. 陳式太極拳養生功 陳正雷著 200 元
27. 健身祛病小功法 王培生著 200 元
28. 張式太極混元功 張春銘著 250 元

・社會人智囊・電腦編號 24

1. 糾紛談判術 清水增三著 160 元
2. 創造關鍵術 淺野八郎著 150 元
3. 觀人術 淺野八郎著 180 元
4. 應急詭辯術 廖英迪編著 160 元
5. 天才家學習術 木原武一著 160 元
6. 貓型狗式鑑人術 淺野八郎著 180 元
7. 逆轉運掌握術 淺野八郎著 180 元
8. 人際圓融術 澀谷昌三著 160 元
9. 解讀人心術 淺野八郎著 180 元
10. 與上司水乳交融術 秋元隆司著 180 元
11. 男女心態定律 小田晉著 180 元
12. 幽默說話術 林振輝編著 200 元
13. 人能信賴幾分 淺野八郎著 180 元
14. 我一定能成功 李玉瓊譯 180 元
15. 獻給青年的嘉言 陳蒼杰譯 180 元
16. 知人、知面、知其心 林振輝編著 180 元
17. 塑造堅強的個性 坂上肇著 180 元
18. 為自己而活 佐藤綾子著 180 元
19. 未來十年與愉快生活有約 船井幸雄著 180 元
20. 超級銷售話術 杜秀卿譯 180 元
21. 感性培育術 黃靜香編著 180 元
22. 公司新鮮人的禮儀規範 蔡媛惠譯 180 元
23. 傑出職員鍛鍊術 佐佐木正著 180 元
24. 面談獲勝戰略 李芳黛譯 180 元
25. 金玉良言撼人心 森純大著 180 元
26. 男女幽默趣典 劉華亭編著 180 元

27. 機智說話術　劉華亭編著　180 元
28. 心理諮商室　柯素娥譯　180 元
29. 如何在公司崢嶸頭角　佐佐木正著　180 元
30. 機智應對術　李玉瓊編著　200 元
31. 克服低潮良方　坂野雄二著　180 元
32. 智慧型說話技巧　沈永嘉編著　180 元
33. 記憶力、集中力增進術　廖松濤編著　180 元
34. 女職員培育術　林慶旺編著　180 元
35. 自我介紹與社交禮儀　柯素娥編著　180 元
36. 積極生活創幸福　田中真澄著　180 元
37. 妙點子超構想　多湖輝著　180 元
38. 說 NO 的技巧　廖玉山編著　180 元
39. 一流說服力　李玉瓊編著　180 元
40. 般若心經成功哲學　陳鴻蘭編著　180 元
41. 訪問推銷術　黃靜香編著　180 元
42. 男性成功秘訣　陳蒼杰編著　180 元
43. 笑容、人際智商　宮川澄子著　180 元
44. 多湖輝的構想工作室　多湖輝著　200 元
45. 名人名語啟示錄　喬家楓著　180 元
46. 口才必勝術　黃柏松編著　220 元
47. 能言善道的說話術　章智冠編著　180 元
48. 改變人心成為贏家　多湖輝著　200 元
49. 說服的ＩＱ　沈永嘉譯　200 元
50. 提升腦力超速讀術　齊藤英治著　200 元
51. 操控對手百戰百勝　多湖輝著　200 元

・精 選 系 列・電腦編號 25

1. 毛澤東與鄧小平　渡邊利夫等著　280 元
2. 中國大崩裂　江戶介雄著　180 元
3. 台灣・亞洲奇蹟　上村幸治著　220 元
4. 7-ELEVEN 高盈收策略　國友隆一著　180 元
5. 台灣獨立（新・中國日本戰爭一）　森詠著　200 元
6. 迷失中國的末路　江戶雄介著　220 元
7. 2000 年 5 月全世界毀滅　紫藤甲子男著　180 元
8. 失去鄧小平的中國　小島朋之著　220 元
9. 世界史爭議性異人傳　桐生操著　200 元
10. 淨化心靈享人生　松濤弘道著　220 元
11. 人生心情診斷　賴藤和寬著　220 元
12. 中美大決戰　檜山良昭著　220 元
13. 黃昏帝國美國　莊雯琳譯　220 元
14. 兩岸衝突（新・中國日本戰爭二）　森詠著　220 元
15. 封鎖台灣（新・中國日本戰爭三）　森詠著　220 元
16. 中國分裂（新・中國日本戰爭四）　森詠著　220 元

17. 由女變男的我　虎井正衛著　200 元
18. 佛學的安心立命　松濤弘道著　220 元
19. 世界喪禮大觀　松濤弘道著　280 元
20. 中國內戰（新・中國日本戰爭五）　森詠著　220 元
21. 台灣內亂（新・中國日本戰爭六）　森詠著　220 元
22. 琉球戰爭①（新・中國日本戰爭七）　森詠著　220 元
23. 琉球戰爭②（新・中國日本戰爭八）　森詠著　220 元

・運動遊戲・電腦編號 26

1. 雙人運動　李玉瓊譯　160 元
2. 愉快的跳繩運動　廖玉山譯　180 元
3. 運動會項目精選　王佑京譯　150 元
4. 肋木運動　廖玉山譯　150 元
5. 測力運動　王佑宗譯　150 元
6. 游泳入門　唐桂萍編著　200 元

・休閒娛樂・電腦編號 27

1. 海水魚飼養法　田中智浩著　300 元
2. 金魚飼養法　曾雪玫譯　250 元
3. 熱門海水魚　毛利匡明著　480 元
4. 愛犬的教養與訓練　池田好雄著　250 元
5. 狗教養與疾病　杉浦哲著　220 元
6. 小動物養育技巧　三上昇著　300 元
7. 水草選擇、培育、消遣　安齊裕司著　300 元
8. 四季釣魚法　釣朋會著　200 元
9. 簡易釣魚入門　張果馨譯　200 元
10. 防波堤釣入門　張果馨譯　220 元
20. 園藝植物管理　船越亮二著　220 元
40. 撲克牌遊戲與贏牌秘訣　林振輝編著　180 元
41. 撲克牌魔術、算命、遊戲　林振輝編著　180 元
42. 撲克占卜入門　王家成編著　180 元
50. 兩性幽默　幽默選集編輯組　180 元
51. 異色幽默　幽默選集編輯組　180 元

・銀髮族智慧學・電腦編號 28

1. 銀髮六十樂逍遙　多湖輝著　170 元
2. 人生六十反年輕　多湖輝著　170 元
3. 六十歲的決斷　多湖輝著　170 元
4. 銀髮族健身指南　孫瑞台編著　250 元
5. 退休後的夫妻健康生活　施聖茹譯　200 元

·飲食保健·電腦編號 29

1. 自己製作健康茶　大海淳著　220 元
2. 好吃、具藥效茶料理　德永睦子著　220 元
3. 改善慢性病健康藥草茶　吳秋嬌譯　200 元
4. 藥酒與健康果菜汁　成玉編著　250 元
5. 家庭保健養生湯　馬汴梁編著　220 元
6. 降低膽固醇的飲食　早川和志著　200 元
7. 女性癌症的飲食　女子營養大學　280 元
8. 痛風者的飲食　女子營養大學　280 元
9. 貧血者的飲食　女子營養大學　280 元
10. 高脂血症者的飲食　女子營養大學　280 元
11. 男性癌症的飲食　女子營養大學　280 元
12. 過敏者的飲食　女子營養大學　280 元
13. 心臟病的飲食　女子營養大學　280 元
14. 滋陰壯陽的飲食　王增著　220 元
15. 胃、十二指腸潰瘍的飲食　勝健一等著　280 元
16. 肥胖者的飲食　雨宮禎子等著　280 元

·家庭醫學保健·電腦編號 30

1. 女性醫學大全　雨森良彥著　380 元
2. 初為人父育兒寶典　小瀧周曹著　220 元
3. 性活力強健法　相建華著　220 元
4. 30 歲以上的懷孕與生產　李芳黛編著　220 元
5. 舒適的女性更年期　野末悅子著　200 元
6. 夫妻前戲的技巧　笠井寬司著　200 元
7. 病理足穴按摩　金慧明著　220 元
8. 爸爸的更年期　河野孝旺著　200 元
9. 橡皮帶健康法　山田晶著　180 元
10. 三十三天健美減肥　相建華等著　180 元
11. 男性健美入門　孫玉祿編著　180 元
12. 強化肝臟秘訣　主婦の友社編　200 元
13. 了解藥物副作用　張果馨譯　200 元
14. 女性醫學小百科　松山榮吉著　200 元
15. 左轉健康法　龜田修等著　200 元
16. 實用天然藥物　鄭炳全編著　260 元
17. 神秘無痛平衡療法　林宗駛著　180 元
18. 膝蓋健康法　張果馨譯　180 元
19. 針灸治百病　葛書翰著　250 元
20. 異位性皮膚炎治癒法　吳秋嬌譯　220 元
21. 禿髮白髮預防與治療　陳炳崑編著　180 元
22. 埃及皇宮菜健康法　飯森薰著　200 元

23. 肝臟病安心治療 上野幸久著 220元
24. 耳穴治百病 陳抗美等著 250元
25. 高效果指壓法 五十嵐康彥著 200元
26. 瘦水、胖水 鈴木園子著 200元
27. 手針新療法 朱振華著 200元
28. 香港腳預防與治療 劉小惠譯 250元
29. 智慧飲食吃出健康 柯富陽編著 200元
30. 牙齒保健法 廖玉山編著 200元
31. 恢復元氣養生食 張果馨譯 200元
32. 特效推拿按摩術 李玉田著 200元
33. 一週一次健康法 若狹真著 200元
34. 家常科學膳食 大塚滋著 220元
35. 夫妻們關心的男性不孕 原利夫著 220元
36. 自我瘦身美容 馬野詠子著 200元
37. 魔法姿勢益健康 五十嵐康彥著 200元
38. 眼病錘療法 馬栩周著 200元
39. 預防骨質疏鬆症 藤田拓男著 200元
40. 骨質增生效驗方 李吉茂編著 250元
41. 蕺菜健康法 小林正夫著 200元
42. 赧於啟齒的男性煩惱 增田豐著 220元
43. 簡易自我健康檢查 稻葉允著 250元
44. 實用花草健康法 友田純子著 200元
45. 神奇的手掌療法 日比野喬著 230元
46. 家庭式三大穴道療法 刑部忠和著 200元
47. 子宮癌、卵巢癌 岡島弘幸著 220元
48. 糖尿病機能性食品 劉雪卿編著 220元
49. 奇蹟活現經脈美容法 林振輝編譯 200元
50. Super SEX 秋好憲一著 220元
51. 了解避孕丸 林玉佩譯 200元
52. 有趣的遺傳學 蕭京凌編著 200元
53. 強身健腦手指運動 羅群等著 250元
54. 小周天健康法 莊雯琳譯 200元
55. 中西醫結合醫療 陳蒼杰譯 200元
56. 沐浴健康法 楊鴻儒譯 200元
57. 節食瘦身秘訣 張芷欣編著 200元

・超經營新智慧・ 電腦編號 31

1. 躍動的國家越南 林雅倩譯 250元
2. 甦醒的小龍菲律賓 林雅倩譯 220元
3. 中國的危機與商機 中江要介著 250元
4. 在印度的成功智慧 山內利男著 220元
5. 7-ELEVEN 大革命 村上豐道著 200元
6. 業務員成功秘方 呂育清編著 200元

7. 在亞洲成功的智慧　鈴木讓二著　220 元
8. 圖解活用經營管理　山際有文著　220 元
9. 速效行銷學　江尻弘著　220 元

・親子系列・電腦編號 32

1. 如何使孩子出人頭地　多湖輝著　200 元
2. 心靈啟蒙教育　多湖輝著　280 元

・雅致系列・電腦編號 33

1. 健康食譜春冬篇　丸元淑生著　200 元
2. 健康食譜夏秋篇　丸元淑生著　200 元
3. 純正家庭料理　陳建民等著　200 元
4. 家庭四川菜　陳建民著　200 元
5. 醫食同源健康美食　郭長聚著　200 元
6. 家族健康食譜　東畑朝子著　200 元

・美術系列・電腦編號 34

1. 可愛插畫集　鉛筆等著　220 元
2. 人物插畫集　鉛筆等著　220 元

・心 靈 雅 集・電腦編號 00

1. 禪言佛語看人生　松濤弘道著　180 元
2. 禪密教的奧秘　葉逯謙譯　120 元
3. 觀音大法力　田口日勝著　120 元
4. 觀音法力的大功德　田口日勝著　120 元
5. 達摩禪 106 智慧　劉華亭編譯　220 元
6. 有趣的佛教研究　葉逯謙編譯　170 元
7. 夢的開運法　蕭京凌譯　180 元
8. 禪學智慧　柯素娥編譯　130 元
9. 女性佛教入門　許俐萍譯　110 元
10. 佛像小百科　心靈雅集編譯組　130 元
11. 佛教小百科趣談　心靈雅集編譯組　120 元
12. 佛教小百科漫談　心靈雅集編譯組　150 元
13. 佛教知識小百科　心靈雅集編譯組　150 元
14. 佛學名言智慧　松濤弘道著　220 元
15. 釋迦名言智慧　松濤弘道著　220 元
16. 活人禪　平田精耕著　120 元
17. 坐禪入門　柯素娥編譯　150 元
18. 現代禪悟　柯素娥編譯　130 元

19. 道元禪師語錄	心靈雅集編譯組	130 元
20. 佛學經典指南	心靈雅集編譯組	130 元
21. 何謂「生」阿含經	心靈雅集編譯組	150 元
22. 一切皆空　般若心經	心靈雅集編譯組	180 元
23. 超越迷惘　法句經	心靈雅集編譯組	130 元
24. 開拓宇宙觀　華嚴經	心靈雅集編譯組	180 元
25. 真實之道　法華經	心靈雅集編譯組	130 元
26. 自由自在　涅槃經	心靈雅集編譯組	130 元
27. 沈默的教示　維摩經	心靈雅集編譯組	150 元
28. 開通心眼　佛語佛戒	心靈雅集編譯組	130 元
29. 揭秘寶庫　密教經典	心靈雅集編譯組	180 元
30. 坐禪與養生	廖松濤譯	110 元
31. 釋尊十戒	柯素娥編譯	120 元
32. 佛法與神通	劉欣如編著	120 元
33. 悟（正法眼藏的世界）	柯素娥編譯	120 元
34. 只管打坐	劉欣如編著	120 元
35. 喬答摩・佛陀傳	劉欣如編著	120 元
36. 唐玄奘留學記	劉欣如編著	120 元
37. 佛教的人生觀	劉欣如編譯	110 元
38. 無門關(上卷)	心靈雅集編譯組	150 元
39. 無門關(下卷)	心靈雅集編譯組	150 元
40. 業的思想	劉欣如編著	130 元
41. 佛法難學嗎	劉欣如著	140 元
42. 佛法實用嗎	劉欣如著	140 元
43. 佛法殊勝嗎	劉欣如著	140 元
44. 因果報應法則	李常傳編	180 元
45. 佛教醫學的奧秘	劉欣如編著	150 元
46. 紅塵絕唱	海　若著	130 元
47. 佛教生活風情	洪丕謨、姜玉珍著	220 元
48. 行住坐臥有佛法	劉欣如著	160 元
49. 起心動念是佛法	劉欣如著	160 元
50. 四字禪語	曹洞宗青年會	200 元
51. 妙法蓮華經	劉欣如編著	160 元
52. 根本佛教與大乘佛教	葉作森編	180 元
53. 大乘佛經	定方晟著	180 元
54. 須彌山與極樂世界	定方晟著	180 元
55. 阿闍世的悟道	定方晟著	180 元
56. 金剛經的生活智慧	劉欣如著	180 元
57. 佛教與儒教	劉欣如編譯	180 元
58. 佛教史入門	劉欣如編譯	180 元
59. 印度佛教思想史	劉欣如編譯	200 元
60. 佛教與女姓	劉欣如編譯	180 元
61. 禪與人生	洪丕謨主編	260 元
62. 領悟佛經的智慧	劉欣如著	200 元

・經 營 管 理・電腦編號 01

	書名	作者	定價
◎	創新經營管理六十六大計(精)	蔡弘文編	780 元
1.	如何獲取生意情報	蘇燕謀譯	110 元
2.	經濟常識問答	蘇燕謀譯	130 元
4.	台灣商戰風雲錄	陳中雄著	120 元
5.	推銷大王秘錄	原一平著	180 元
6.	新創意・賺大錢	王家成譯	90 元
7.	工廠管理新手法	琪　輝著	120 元
10.	美國實業 24 小時	柯順隆譯	80 元
11.	撼動人心的推銷法	原一平著	150 元
12.	高竿經營法	蔡弘文編	120 元
13.	如何掌握顧客	柯順隆譯	150 元
17.	一流的管理	蔡弘文編	150 元
18.	外國人看中韓經濟	劉華亭譯	150 元
20.	突破商場人際學	林振輝編著	90 元
22.	如何使女人打開錢包	林振輝編著	100 元
24.	小公司經營策略	王嘉誠著	160 元
25.	成功的會議技巧	鐘文訓編譯	100 元
26.	新時代老闆學	黃柏松編著	100 元
27.	如何創造商場智囊團	林振輝編譯	150 元
28.	十分鐘推銷術	林振輝編譯	180 元
29.	五分鐘育才	黃柏松編譯	100 元
33.	自我經濟學	廖松濤編譯	100 元
34.	一流的經營	陶田生編著	120 元
35.	女性職員管理術	王昭國編譯	120 元
36.	ＩＢＭ的人事管理	鐘文訓編譯	150 元
37.	現代電腦常識	王昭國編譯	150 元
38.	電腦管理的危機	鐘文訓編譯	120 元
39.	如何發揮廣告效果	王昭國編譯	150 元
40.	最新管理技巧	王昭國編譯	150 元
41.	一流推銷術	廖松濤編譯	150 元
42.	包裝與促銷技巧	王昭國編譯	130 元
43.	企業王國指揮塔	松下幸之助著	120 元
44.	企業精銳兵團	松下幸之助著	120 元
45.	企業人事管理	松下幸之助著	100 元
46.	華僑經商致富術	廖松濤編譯	130 元
47.	豐田式銷售技巧	廖松濤編譯	180 元
48.	如何掌握銷售技巧	王昭國編著	130 元
50.	洞燭機先的經營	鐘文訓編譯	150 元
52.	新世紀的服務業	鐘文訓編譯	100 元
53.	成功的領導者	廖松濤編譯	120 元
54.	女推銷員成功術	李玉瓊編譯	130 元

55. ＩＢＭ人才培育術　鐘文訓編譯　100元
56. 企業人自我突破法　黃琪輝編著　150元
58. 財富開發術　蔡弘文編著　130元
59. 成功的店舖設計　鐘文訓編著　150元
61. 企管回春法　蔡弘文編著　130元
62. 小企業經營指南　鐘文訓編譯　100元
63. 商場致勝名言　鐘文訓編譯　150元
64. 迎接商業新時代　廖松濤編譯　100元
66. 新手股票投資入門　何朝乾編著　200元
67. 上揚股與下跌股　何朝乾編譯　180元
68. 股票速成學　何朝乾編譯　200元
69. 理財與股票投資策略　黃俊豪編著　180元
70. 黃金投資策略　黃俊豪編著　180元
71. 厚黑管理學　廖松濤編譯　180元
72. 股市致勝格言　呂梅莎編譯　180元
73. 透視西武集團　林谷燁編譯　150元
76. 巡迴行銷術　陳蒼杰譯　150元
77. 推銷的魔術　王嘉誠譯　120元
78. 60 秒指導部屬　周蓮芬編譯　150元
79. 精銳女推銷員特訓　李玉瓊編譯　130元
80. 企劃、提案、報告圖表的技巧　鄭汶譯　180元
81. 海外不動產投資　許達守編譯　150元
82. 八百伴的世界策略　李玉瓊譯　150元
83. 服務業品質管理　吳宜芬譯　180元
84. 零庫存銷售　黃東謙編譯　150元
85. 三分鐘推銷管理　劉名揚編譯　150元
86. 推銷大王奮鬥史　原一平著　150元
87. 豐田汽車的生產管理　林谷燁編譯　150元

·成　功　寶　庫·電腦編號 02

1. 上班族交際術　江森滋著　100元
2. 拍馬屁訣竅　廖玉山編譯　110元
4. 聽話的藝術　歐陽輝編譯　110元
9. 求職轉業成功術　陳義編著　110元
10. 上班族禮儀　廖玉山編著　120元
11. 接近心理學　李玉瓊編著　100元
12. 創造自信的新人生　廖松濤編著　120元
15. 神奇瞬間瞑想法　廖松濤編譯　100元
16. 人生成功之鑰　楊意苓編著　150元
19. 給企業人的諍言　鐘文訓編著　120元
20. 企業家自律訓練法　陳義編譯　100元
21. 上班族妖怪學　廖松濤編著　100元
22. 猶太人縱橫世界的奇蹟　孟佑政編著　110元

25. 你是上班族中強者　嚴思圖編著　100元
30. 成功頓悟 100 則　蕭京凌編譯　130元
32. 知性幽默　李玉瓊編譯　130元
33. 熟記對方絕招　黃靜香編譯　100元
37. 察言觀色的技巧　劉華亭編著　180元
38. 一流領導力　施義彥編譯　120元
40. 30 秒鐘推銷術　廖松濤編譯　150元
42. 尖端時代行銷策略　陳蒼杰編著　100元
43. 顧客管理學　廖松濤編著　100元
44. 如何使對方說 Yes　程羲編著　150元
47. 上班族口才學　楊鴻儒譯　120元
48. 上班族新鮮人須知　程羲編著　120元
49. 如何左右逢源　程羲編著　130元
50. 語言的心理戰　多湖輝著　130元
55. 性惡企業管理學　陳蒼杰譯　130元
56. 自我啟發 200 招　楊鴻儒編著　150元
57. 做個傑出女職員　劉名揚編著　130元
58. 靈活的集團營運術　楊鴻儒編著　120元
60. 個案研究活用法　楊鴻儒編著　130元
61. 企業教育訓練遊戲　楊鴻儒編著　120元
62. 管理者的智慧　程義編譯　130元
63. 做個佼佼管理者　馬筱莉編譯　130元
67. 活用禪學於企業　柯素娥編譯　130元
69. 幽默詭辯術　廖玉山編譯　150元
70. 拿破崙智慧箴言　柯素娥編譯　130元
71. 自我培育・超越　蕭京凌編譯　150元
74. 時間即一切　沈永嘉編譯　130元
75. 自我脫胎換骨　柯素娥譯　150元
76. 贏在起跑點　人才培育鐵則　楊鴻儒編譯　150元
77. 做一枚活棋　李玉瓊編譯　130元
78. 面試成功戰略　柯素娥編譯　130元
81. 瞬間攻破心防法　廖玉山編譯　120元
82. 改變一生的名言　李玉瓊編譯　130元
83. 性格性向創前程　楊鴻儒編譯　130元
84. 訪問行銷新竅門　廖玉山編譯　150元
85. 無所不達的推銷話術　李玉瓊編譯　150元

・處 世 智 慧・電腦編號 03

1. 如何改變你自己　陸明編譯　120元
6. 靈感成功術　譚繼山編譯　80元
8. 扭轉一生的五分鐘　黃柏松編譯　100元
10. 現代人的詭計　林振輝譯　100元
14. 女性的智慧　譚繼山編譯　90元

16. 人生的體驗　陸明編譯　80元
18. 幽默吹牛術　金子登著　90元
24. 慧心良言　亦奇著　80元
25. 名家慧語　蔡逸鴻主編　90元
28. 如何發揮你的潛能　陸明編譯　90元
29. 女人身態語言學　李常傳譯　130元
30. 摸透女人心　張文志譯　90元
32. 給女人的悄悄話　妮倩編譯　90元
36. 成功的捷徑　鐘文訓譯　70元
37. 幽默逗笑術　林振輝著　120元
38. 活用血型讀書法　陳炳崑譯　80元
39. 心　燈　葉于模著　100元
41. 心・體・命運　蘇燕謀譯　70元
43. 宮本武藏五輪書金言錄　宮本武藏著　100元
47. 成熟的愛　林振輝譯　120元
48. 現代女性駕馭術　蔡德華著　90元
49. 禁忌遊戲　酒井潔著　90元
53. 如何達成願望　謝世輝著　90元
54. 創造奇蹟的「想念法」　謝世輝著　90元
55. 創造成功奇蹟　謝世輝著　90元
57. 幻想與成功　廖松濤譯　80元
58. 反派角色的啟示　廖松濤編譯　70元
59. 現代女性須知　劉華亭編著　75元
62. 如何突破內向　姜倩怡編譯　110元
64. 讀心術入門　王家成編譯　100元
65. 如何解除內心壓力　林美羽編著　110元
66. 取信於人的技巧　多湖輝著　110元
68. 自我能力的開拓　卓一凡編著　110元
70. 縱橫交涉術　嚴思圖編著　90元
71. 如何培養妳的魅力　劉文珊編著　90元
75. 個性膽怯者的成功術　廖松濤編譯　100元
76. 人性的光輝　文可式編著　90元
79. 培養靈敏頭腦秘訣　廖玉山編著　90元
80. 夜晚心理術　鄭秀美編譯　80元
81. 如何做個成熟的女性　李玉瓊編著　80元
82. 現代女性成功術　劉文珊編著　90元
83. 成功說話技巧　梁惠珠編譯　100元
84. 人生的真諦　鐘文訓編譯　100元
87. 指尖・頭腦體操　蕭京凌編譯　90元
88. 電話應對禮儀　蕭京凌編著　120元
89. 自我表現的威力　廖松濤編譯　100元
91. 男與女的哲思　程鐘梅編譯　110元
92. 靈思慧語　牧風著　110元
93. 心靈夜語　牧風著　100元

94. 激盪腦力訓練	廖松濤編譯	100 元
95. 三分鐘頭腦活性法	廖玉山編譯	110 元
96. 星期一的智慧	廖玉山編譯	100 元
97. 溝通說服術	賴文琇編譯	100 元

・健康與美容・電腦編號 04

3. 媚酒傳(中國王朝秘酒)	陸明主編	120 元
5. 中國回春健康術	蔡一藩著	100 元
6. 奇蹟的斷食療法	蘇燕謀譯	130 元
8. 健美食物法	陳炳崑譯	120 元
9. 驚異的漢方療法	唐龍編著	90 元
10. 不老強精食	唐龍編著	100 元
12. 五分鐘跳繩健身法	蘇明達譯	100 元
13. 睡眠健康法	王家成譯	80 元
14. 你就是名醫	張芳明譯	90 元
19. 釋迦長壽健康法	譚繼山譯	90 元
20. 腳部按摩健康法	譚繼山譯	120 元
21. 自律健康法	蘇明達譯	90 元
23. 身心保健座右銘	張仁福著	160 元
24. 腦中風家庭看護與運動治療	林振輝譯	100 元
25. 秘傳醫學人相術	成玉主編	120 元
26. 導引術入門(1)治療慢性病	成玉主編	110 元
27. 導引術入門(2)健康・美容	成玉主編	110 元
28. 導引術入門(3)身心健康法	成玉主編	110 元
29. 妙用靈藥・蘆薈	李常傳譯	150 元
30. 萬病回春百科	吳通華著	150 元
31. 初次懷孕的 10 個月	成玉編譯	150 元
32. 中國秘傳氣功治百病	陳炳崑編譯	130 元
35. 仙人長生不老學	陸明編譯	100 元
36. 釋迦秘傳米粒刺激法	鐘文訓譯	120 元
37. 痔・治療與預防	陸明編譯	130 元
38. 自我防身絕技	陳炳崑編譯	120 元
39. 運動不足時疲勞消除法	廖松濤譯	110 元
40. 三溫暖健康法	鐘文訓編譯	90 元
43. 維他命與健康	鐘文訓譯	150 元
45. 森林浴—綠的健康法	劉華亭編譯	80 元
47. 導引術入門(4)酒浴健康法	成玉主編	90 元
48. 導引術入門(5)不老回春法	成玉主編	90 元
49. 山白竹(劍竹)健康法	鐘文訓譯	90 元
50. 解救你的心臟	鐘文訓編譯	100 元
52. 超人氣功法	陸明編譯	110 元
54. 借力的奇蹟(1)	力拔山著	100 元
55. 借力的奇蹟(2)	力拔山著	100 元

56. 五分鐘小睡健康法　呂添發撰　120元
59. 艾草健康法　張汝明編譯　90元
60. 一分鐘健康診斷　蕭京凌編譯　90元
61. 念術入門　黃靜香編譯　90元
62. 念術健康法　黃靜香編譯　90元
63. 健身回春法　梁惠珠編譯　100元
64. 姿勢養生法　黃秀娟編譯　90元
65. 仙人瞑想法　鐘文訓譯　120元
66. 人蔘的神效　林慶旺譯　100元
67. 奇穴治百病　吳通華著　120元
68. 中國傳統健康法　靳海東著　100元
71. 酵素健康法　楊皓編譯　120元
73. 腰痛預防與治療　五味雅吉著　130元
74. 如何預防心臟病・腦中風　譚定長等著　100元
75. 少女的生理秘密　蕭京凌譯　120元
76. 頭部按摩與針灸　楊鴻儒譯　100元
77. 雙極療術入門　林聖道著　100元
78. 氣功自療法　梁景蓮著　120元
79. 大蒜健康法　李玉瓊編譯　120元
81. 健胸美容秘訣　黃靜香譯　120元
82. 鍺奇蹟療效　林宏儒譯　120元
83. 三分鐘健身運動　廖玉山譯　120元
84. 尿療法的奇蹟　廖玉山譯　120元
85. 神奇的聚積療法　廖玉山譯　120元
86. 預防運動傷害伸展體操　楊鴻儒編譯　120元
88. 五日就能改變你　柯素娥譯　110元
89. 三分鐘氣功健康法　陳美華譯　120元
91. 道家氣功術　早島正雄著　130元
92. 氣功減肥術　早島正雄著　120元
93. 超能力氣功法　柯素娥譯　130元
94. 氣的瞑想法　早島正雄著　120元

・家　庭／生　活・電腦編號 05

1. 單身女郎生活經驗談　廖玉山編著　100元
2. 血型・人際關係　黃靜編著　120元
3. 血型・妻子　黃靜編著　110元
4. 血型・丈夫　廖玉山編譯　130元
5. 血型・升學考試　沈永嘉編譯　120元
6. 血型・臉型・愛情　鐘文訓編譯　120元
7. 現代社交須知　廖松濤編譯　100元
8. 簡易家庭按摩　鐘文訓編譯　150元
9. 圖解家庭看護　廖玉山編譯　120元
10. 生男育女隨心所欲　岡正基編著　180元

國家圖書館出版品預行編目資料

〔圖解〕活用經營管理／山際有文著；沈永嘉譯
－初版－臺北市，大展，民 88
186 面；21 公分－（超經營新智慧；8）
譯自：圖解マネジメント
ISBN 957-557-949-6（平裝）
1.企業管理
494 88011591

〔圖解〕活用經營管理

ISBN 957-557-949-6

原 著 者／山 際 有 文
編 譯 者／沈　永　嘉
發 行 人／蔡　森　明
出 版 者／大展出版社有限公司
社　　址／台北市北投區（石牌）致遠一路 2 段 12 巷 1 號
電　　話／(02) 28236031・28236033
傳　　真／(02) 28272069
郵政劃撥／01669551
登 記 證／局版臺業字第 2171 號
承 印 者／高星印刷品行
裝　　訂／日新裝訂所
排 版 者／千兵企業有限公司

初版1刷／1999 年（民 88 年）10 月

定　　價／220 元

大展好書 好書大展